画说电工技能丛书

画说电工电子技术

王吉华　主编

U0301453

上海科学技术出版社

图书在版编目(CIP)数据

画说电工电子技术 / 王吉华主编. —上海:上海
科学技术出版社,2014.7
(画说电工技能丛书)
ISBN 978 - 7 - 5478 - 2203 - 6

Ⅰ.①画… Ⅱ.①王… Ⅲ.①电工技术-图解
②电子技术-图解 Ⅳ.①TM - 64②TN - 64

中国版本图书馆 CIP 数据核字(2014)第 077506 号

画说电工电子技术

王吉华　主编

上海世纪出版股份有限公司
上 海 科 学 技 术 出 版 社　出版
(上海钦州南路 71 号　邮政编码 200235)
上海世纪出版股份有限公司发行中心发行
200001　上海福建中路 193 号　www.ewen.cc
常熟市兴达印刷有限公司印刷
开本 889×1194　1/32　印张:6.25
字数:165 千字
2014 年 7 月第 1 版　2014 年 7 月第 1 次印刷
ISBN 978 - 7 - 5478 - 2203 - 6/TM·46
定价:25.00 元

内容提要

本书以图解的形式，简洁明了地介绍了电路基础知识、电路分析方法、正弦交流电路、半导体二极管及其应用电路、半导体三极管及其放大电路、集成运算放大电路、数字电路基础、组合逻辑电路、时序逻辑电路、电工电子操作实践等内容，本书涵盖了电工电子技术人员需要掌握的大部分知识与技能，讲解全面详细，理论和实践操作相结合，内容由浅入深，语言通俗易懂。

本书可供从事电工作业的技术人员和电子技术爱好者学习使用，也可供职业院校或培训机构相关专业的学生学习使用。

前　言

　　随着国民经济和现代科学技术的迅猛发展,我国电气工程的设计、制造、运行和控制技术发生了深刻的变革,一大批新原理、新材料、新结构、新工艺、新技术、新性能的产品得到广泛开发和应用,新的应用和新的需求同时也推动着电气工程技术本身的迅速发展。面对新的形势,广大从事电气工程技术工作的人员迫切需要知识更新,特别是学习和掌握与新的应用领域有关的新技能。正是在此背景下,我们组织编写了《画说电工电子技术》。

　　电工与电子技术基础既是电类专业的一门技术基础课程,又是一门研究电工技术和电子技术的理论和应用的技术基础课程。电工技术和电子技术的发展十分迅速,应用非常广泛,现代一切新的科学技术无不与电有着密切的关系。本书以图解的形式,简洁明了地介绍了电路基础知识、电路分析方法、正弦交流电路、半导体二极管及其应用电路、半导体三极管及其放大电路、集成运算放大电路、数字电路基础、组合逻辑电路、时序逻辑电路等内容,本书涵盖了电工电子技术需要掌握的大部分知识与技能,讲解全面详细,理论和实践操作相结合,内容由浅入深,语言通俗易懂。既适合于广大电工技术爱好者自学,又可作为初级电工培训教材,还可供相关专业职业技术学校师生阅读与参考。

　　本书由王吉华主编,参加编写的有徐峰、邱立功、张能武、刘春玲、陶荣伟、楚宜民、陈忠民、杨光明、薛国祥、周斌兴、任志俊等。本书在编写过程中参考了大量的图书出版物和企业培训资料,在此向上述作者和有关企业表示衷心的感谢和崇高敬意!

　　因编者水平有限,加上时间仓促,书中难免有错误和不妥之处,恳请读者批评指正。

目 录

第一章　电路与电路元件基础知识 ……………………………………… 1

第一节　电路基础知识 …………………………………………………… 1

一、电路的基本状态 ……………………………………………… 1

二、直流电流、电压与电位的测量 ……………………………… 2

第二节　电路元件的识别与检测 ………………………………………… 6

一、电阻器的识别与检测方法 …………………………………… 6

二、电容器的识别与检测方法 …………………………………… 15

三、电感线圈的识别与检测方法 ………………………………… 20

第二章　直流电路分析与测试 …………………………………………… 24

第一节　简单直流电路的分析 …………………………………………… 24

一、欧姆定律 ……………………………………………………… 24

二、简单电阻电路的分析 ………………………………………… 26

三、电压源和电流源 ……………………………………………… 30

第二节　复杂直流电路的分析 …………………………………………… 34

一、基尔霍夫定律 ………………………………………………… 34

二、节点电压法 …………………………………………………… 37

三、戴维南定理 …………………………………………………… 38

四、负载获得最大功率的条件 …………………………………… 40

第三章　交流电路分析与测试 …………………………………………… 43

第一节　正弦交流电的基本概念 ………………………………………… 43

一、正弦交流电的基本概念 ……………………………………… 43

二、用示波器测量交流电的最大值和频率 ……………………… 49

第二节　单相正弦交流电路分析 ………………………………………… 53

一、纯电阻电路 …………………………………………………… 53

二、纯电感电路 …………………………………………… 55

三、纯电容电路 …………………………………………… 58

第四章 半导体二极管及其应用电路 …………………… 62

第一节 半导体基础知识 ………………………………… 62

一、本征半导体 …………………………………………… 62

二、杂质半导体 …………………………………………… 63

三、PN 结及其单向导电性 ……………………………… 64

第二节 半导体二极管 …………………………………… 65

一、二极管的结构与符号 ………………………………… 65

二、二极管的伏安特性 …………………………………… 66

三、二极管的主要参数及检测 …………………………… 67

四、二极管的应用电路 …………………………………… 68

第三节 特殊二极管 ……………………………………… 69

一、稳压二极管 …………………………………………… 69

二、发光二极管 …………………………………………… 71

第四节 整流滤波电路 …………………………………… 72

一、半波整流电路 ………………………………………… 72

二、桥式整流电路 ………………………………………… 74

第五章 半导体三极管放大电路及测试 ………………… 76

第一节 半导体三极管 …………………………………… 76

一、三极管的结构与符号 ………………………………… 76

二、三极管的电流放大作用 ……………………………… 77

三、三极管的伏安特性 …………………………………… 79

四、三极管的主要参数及检测 …………………………… 81

第二节 放大电路的主要性能指标 ……………………… 83

一、放大倍数 ……………………………………………… 83

二、输入电阻 ……………………………………………… 84

三、输出电阻 ……………………………………………… 84

第三节 共射基本放大电路 ……………………………… 85

一、共射放大电路的组成 ………………………………… 85

二、放大电路的静态分析 ………………………………… 86

三、放大电路的动态分析 ………………………………… 87

四、共射放大电路的测试 ………………………………… 89

第四节　工作点稳定的放大电路 ……………………… 92

一、温度对静态工作点的影响 …………………………… 93

二、分压式偏置电路 ……………………………………… 93

第五节　共集电极放大电路 …………………………… 95

一、共集电极放大电路的组成 …………………………… 95

二、共集电极放大电路的分析 …………………………… 95

第六节　多级放大电路 ………………………………… 97

一、多级放大电路的组成 ………………………………… 97

二、多级放大电路的级间耦合方式 ……………………… 97

第七节　放大电路中的负反馈 ………………………… 99

一、反馈的基本概念 ……………………………………… 99

二、负反馈放大器的一般表达式 ………………………… 102

三、负反馈对放大器性能的影响 ………………………… 103

第八节　功率放大电路 ………………………………… 104

一、功率放大电路概述 …………………………………… 105

二、互补对称功率放大电路 ……………………………… 106

第六章　集成运算放大电路及测试 ………………… 110

第一节　集成电路概述 ………………………………… 110

一、集成电路的发展与应用 ……………………………… 110

二、集成电路的分类 ……………………………………… 110

第二节　集成运算放大器 ……………………………… 111

一、集成运放及其基本组成 ……………………………… 111

二、集成运放的电路符号 ………………………………… 112

三、集成运放的基本特性 ………………………………… 112

四、理想集成运放 ………………………………………… 114

第三节　集成运算放大器的应用 ……………………… 115

一、比例运算电路 ………………………………………… 115

二、加法和减法运算电路 ………………………………… 117

第四节　集成运算电路的测试 ………………………… 120

一、操作要领 ……………………………………………… 120

二、操作步骤 ……………………………………………… 122

第七章 数字电路基础及测试 ……………………………… 124

第一节 数制和码制 ………………………………………… 124

一、数制 ………………………………………………… 124

二、数制转换 …………………………………………… 126

三、码制 ………………………………………………… 126

第二节 基本逻辑关系 ……………………………………… 128

一、"与"逻辑 …………………………………………… 128

二、"或"逻辑 …………………………………………… 129

三、"非"逻辑 …………………………………………… 130

四、其他逻辑关系 ……………………………………… 130

第三节 逻辑函数的运算 …………………………………… 132

一、基本定律和规则 …………………………………… 133

二、逻辑函数的表示方法 ……………………………… 134

三、最小项 ……………………………………………… 135

四、逻辑函数卡诺图化简 ……………………………… 136

第四节 集成门电路的性能测试 …………………………… 138

一、操作要领 …………………………………………… 138

二、操作步骤 …………………………………………… 140

第八章 组合逻辑电路及测试 …………………………… 142

第一节 组合逻辑电路的分析 ……………………………… 142

第二节 编码器和译码器 …………………………………… 144

一、编码器 ……………………………………………… 144

二、译码器 ……………………………………………… 147

第三节 数据选择器和数据分配器 ………………………… 150

一、数据选择器 ………………………………………… 151

二、数据分配器 ………………………………………… 152

第四节 半加器和全加器 …………………………………… 153

一、半加器 ……………………………………………… 153

二、全加器 ……………………………………………… 154

第五节 集成组合逻辑电路的功能测试 …………………… 155

一、操作要领 …………………………………………… 155

二、操作步骤 …………………………………………… 156

第九章　时序逻辑电路 …………………………………… 158
　第一节　触发器 …………………………………………… 158
　　一、基本 RS 触发器 …………………………………… 159
　　二、同步触发器 ………………………………………… 161
　　三、边沿触发器 ………………………………………… 163
　第二节　计数器 …………………………………………… 166
　　一、集成计数器 74161 ………………………………… 166
　　二、集成计数器 74160 ………………………………… 168
　第三节　555 定时器及其应用 …………………………… 169
　　一、555 定时器 ………………………………………… 169
　　二、单稳态触发器 ……………………………………… 171
　　三、施密特触发器 ……………………………………… 172
第十章　电工电子操作实践 ……………………………… 175
　　一、荧光灯电路的安装与调试 ………………………… 175
　　二、配电箱的制作与安装 ……………………………… 178
　　三、声控节电开关照明电路的设计 …………………… 182
　　四、火灾报警器电路的设计 …………………………… 183
　　五、Y-△自动转换控制线路的安装与调试 …………… 185
　　六、淋浴器节水电路的设计 …………………………… 188

第一章　电路与电路元件基础知识

第一节　电路基础知识

一、电路的基本状态

电路的基本状态一般有三种：有载状态、短路状态和开路状态，如图 1-1 所示。

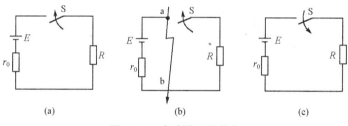

图 1-1　电路的三种状态

1.　有载状态

如图 1-1a 所示电路，当开关 S 闭合后，电源与负载形成闭合回路，电源处于有载工作状态，电路中有电流流通。

2.　短路状态

如图 1-1b 所示电路，若 a、b 两点直接被导体接通，电源就处于短路状态，此时电流不再流过负载，而直接经短路点流回电源。由于电源的内阻一般很小，因而流过电源的短路电流很大，会造成电源发热而烧毁，或引起电气设备损伤等严重后果，因此要绝对避免电源短路。短路状态的特点是：短路电流很大，电源端电压为零。

3.　开路状态

如图 1-1c 所示电路，当开关 S 断开或电路某处断开，此时电路中没有电流，电路处于断开状态，电源不向负载输送电能。对电源来讲，这种状态称为空载。开路状态的主要特点是:电路中电流为零,电源端电压与电动势相等。

二、直流电流、电压与电位的测量

(一) 安全操作规程

(1) 应在无电的情况下进行线路连接,连接好后,需经过检查,经确认无误后方可送电。

(2) 如操作中需要改变线路或更换元器件,应停电进行,不允许带电操作。

(3) 如操作中发生故障,必须首先断开电源,再进行检查,绝对不允许带电检查。

(4) 工作完毕后,应首先断开电源,再将线路拆除,把元器件、仪器、仪表、工具等清点好,摆放整齐。

(5) 使用仪器、仪表时应注意量程大小的选择,绝对不允许用小量程去测量大电流和高电压。

(二) 操作要领

1. 电路连接

(1) 准备充分。在电路接线前,工作台上所用的电源、开关、仪器、仪表和元器件等,按照从左到右的顺序合理有序地摆放。注意把随时读取数据的仪器仪表放在易读、易看处;把经常使用的仪器、仪表放在顺手处;把易发热和危险端钮(如 220V/380V 端钮、调压器的接线端子等)放在不易碰到的安全位置。

(2) 先主后辅。电路连接顺序是:先接主回路,再接辅助回路。主回路就是电源与电流表、负载串联的回路。连接主回路时,可按路径(电流方向)顺序依次连接。完成主回路后,按图检查无误后,再接并联的回路即辅助回路,最后接电源和电压表。

(3) 牢固准确。接线端的连接处,要拧紧或插紧,防止虚接。对于插接件一定要看清结构,再对准插到位。开关通断、转换旋转等要准确到位。旋转、插拔时不能用力过猛,以免造成连接处损坏。

(4) 井然有序。电路连接要井然有序,要易看、易查和易操作。连接导线的颜色要合理搭配,一般凡与电源"+"端、相线端相连接的导线用红色;而与电源"-"端或中性线相连接的导线用蓝色或黑色。导线长短要适宜。连接时,能用短线尽量用短线,避免导线过长且互相交叉。如必须交叉,则最好选用不同的颜色,以示区别。

（5）工作台面要干净整洁。接线完毕,要及时清理工作台上多余的物品。把剩余的导线、导电物品等及时拿开收好,把钳子、旋具、镊子等其他工具放在指定位置,以防引起短路或间接触电事故。

2. 电流表的接线

（1）电流表必须串联在电路中。各种类型的毫安表、电流表和万用表电流挡在测量电流时,要串联连接在电路中,如图 1-2a 所示。

（2）用直流电流表测量电流时要注意方向,连线应使电流从电流表"+"端流进,从"-"端流出,如图 1-2b 所示。

（3）电流表不准与电源并联,即电流表不准与不带负载的电源连接在一起,如图 1-3 所示,因为电流表的内阻很小,这样连接会因流过电流表的电流过大而把表烧坏。

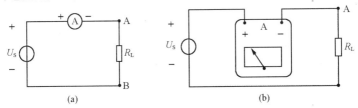

图 1-2　电流表的接线

(a) 电流表串联在电路中；(b) 电流表连接时的极性

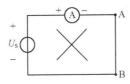

图 1-3　电流表不准与电源并联

3. 电压表的接线

（1）电压表必须并联在电路中。各种类型的毫伏表、电压表和万用表电压挡在测量电压时,要并联连接在电路中,如图 1-4a 所示。

（2）用直流电压表测量电压时,应注意电路电压"+"、"-"端极性,电压表与电路的接线如图 1-4b 所示。

（3）当被测电阻较大（$R > 10\text{k}\Omega$）时,常采用电压表外接测量电路,如图 1-5a 所示；当被测电阻较小时,常采用电压表内接测量电路,如图 1-5b 所示。

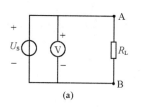 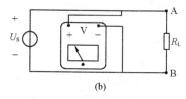

图 1-4 电压表的接线

(a) 电压表并联在电路中；(b) 电压表连接时的极性

这是因为常用电压表的内阻较大(1MΩ)，电流表的内阻较小(1×10^{-9}MΩ)。当负载电阻较大时，采用电压表外接电路，电压表的读数是电阻 R_L 上的压降与电流表内阻的压降之和，由于电流表的内阻很小，其压降可以忽略不计，所以电压测量误差较小。

同理，当负载电阻较小时，采用电压表内接电路，电流表的读数是电阻 R_L 和电压表的电流之和，由于电压表的内阻很大，电流可以忽略不计，所以电流测量误差较小。

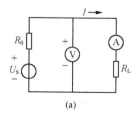 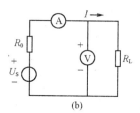

图 1-5 电压表的两种接法

(a) 电压表外接；(b) 电压表内接

4. 数字万用表的使用方法

万用表是一种多用途、多量程的电工仪表。一般的万用表可以测量直流电流、直流电压、交流电压和电阻等，还有些万用表可测电容、功率、晶体管共射极直流放大系数 h_{FE} 等，所以万用表是进行电气和电子设备的安装、调试与维修所必备的电工仪表。万用表有指针式(模拟式)和数字式两种。这里主要介绍数字式万用表测量直流电压和直流电流的使用方法。

图 1-6 为 DT890 系列数字万用表的面板示意图，各部分的功能如下：

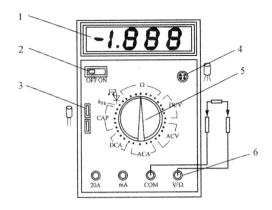

图 1-6　DT890 系列数字万用表的面板示意图

1—液晶显示器；2—电源开关；3—电容测试插座；
4—晶体管测试插座；5—功能转换开关；6—输入插孔

（1）液晶显示器。3½位数字万用表显示的最大指示值为 1 999。如果显示器只显示"1"，则表示过量程，应将功能转换开关置更高量程（但在测电阻时，当表笔开路，显示器也显示为"1"）。

（2）电源开关。使用时将电源开关置"ON"，使用完毕置"OFF"位置。

（3）功能转换开关。测试之前，功能转换开关应置于被测电量（电压、电流、电阻等）及其大小相对应的挡位和适当的量程。例如，测量直流电压，应将开关拨至"DCV"，并选择适当的量程。

需注意，不能带电调整挡位或量程，即在转换开关时要先断开电源，避免转换开关的触点因产生电弧而被损坏。

（4）输入插孔。共有 4 个。测量交、直流电压和测量电阻时，将黑表笔插入"COM"插孔，红表笔插入"V/Ω"插孔。测量交、直流电流时，将黑表笔插入"COM"插孔，当被测电流在 200mA 及以下时，红表笔插入"mA"插孔；当被测电流最大值不超过 20A 时，将红表笔插入"20A"插孔。

（5）电容测试插座。测量电容时，将电容器插入电容测试插座中，因仪表本身已对电容挡设置了保护，故在测试过程中不用考虑电容的极性。但在测量大电容时，稳定读数则需要一定的时间。

（6）晶体管测试插座。显示器上只能读出放大系数 h_{FE} 的近似值，对判断晶体管起参考作用，不能做精密测试。

5. 测量直流电压的操作方法

（1）将功能转换开关拨到"DCV"（直流电压）位置，根据电压值的范围选择适当的量程。若被测电压数值范围不清楚时，可先选用较大的量程，再调整选用较低的量程，此时，应先将电源断开，再转动开关。

（2）将万用表并接到被测电路上，红表笔接到被测电压的正极（或高电位一端），黑表笔接到被测电压的负极（或低电位一端）。如果极性接反，则显示负值。

6. 测量直流电流的操作方法

（1）将红表笔插入"20A"或"mA"插孔（需根据被测电流的大小选择）。

（2）将功能转换开关拨到"DCA"（直流电流）位置，并根据估算值选择适当的量程。

（3）将被测电路断开，把万用表串接在电路中，务必注意表笔的接法，应使电流从红表笔流入，从黑表笔流出。

第二节　电路元件的识别与检测

一、电阻器的识别与检测方法

（一）常用电阻器和电位器简介

1. 电阻器

具有一定阻值的实体元件称为电阻器，简称电阻。电阻器是电工和电子电路中应用最多的元件之一，在电路中用于分压、分流、耦合、阻抗匹配和用作负载等。

电阻器的种类很多，通常有固定电阻器、可变电阻器和敏感电阻器，其电路图形符号如图 1-7 所示。

图 1-7　电阻的电路符号

(a) 电阻器；(b) 热敏电阻；(c) 可调电阻；(d) 电位器

电阻的基本参量是电阻值，它是反映导体对电流起阻碍作用大小的一个物理量，用字母 R 表示，电阻的国际单位为欧姆（Ω），在实际电路中常用的单位还有千欧（$k\Omega$）、兆欧（$M\Omega$），它们之间的换算关系为

$$1\mathrm{M}\Omega=10^3\,\mathrm{k}\Omega=10^6\,\Omega$$

常用的固定电阻器按其结构形状和材料的不同,分为线绕电阻、碳膜电阻、金属膜电阻等,其外形如图 1-8a～d 所示。常用的敏感电阻器有热敏电阻和光敏电阻,外形如图 1-8e、f 所示。

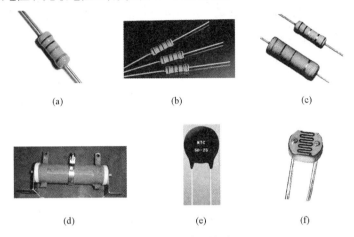

图 1-8　常用电阻器外形

(a) 碳膜电阻；(b) 金属膜电阻；(c) 金属氧化膜电阻；
(d) 线绕电阻；(e) 热敏电阻；(f) 光敏电阻

2. 电位器

电位器实际上是一个连续可调的电阻器,它由一个电阻体和一个转动或滑动臂组成,其电阻值可在一定范围内变化。在家用电器和其他电子设备电路中,电位器用来分压、分流和作为变阻器。在晶体管收音机、电视机等电子设备中,电位器用来调节音量、音调、亮度、对比度等。电位器的种类和结构形式也很多,有碳膜电位器、有机实心电位器、金属膜电位器、带开关电位器、线绕式电位器等,其外形如图 1-9 所示。

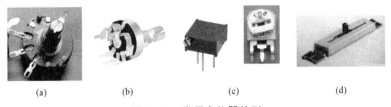

图 1-9　常用电位器外形

(a) 普通电位器；(b) 带开关电位器；(c) 微调电位器；(d) 直滑式电位器

（二）电阻器和电位器型号命名

国产电阻器和电位器的型号命名如图1-10所示。如图1-10a所示，电阻器型号命名由四部分组成：第一部分用字母R表示电阻器的主称；第二部分用字母表示电阻器材料；第三部分用数字或字母表示电阻器的分类；第四部分用数字表示序号。电阻器型号的意义见表1-1，例如，RJ71型表示为精密金属膜电阻器。

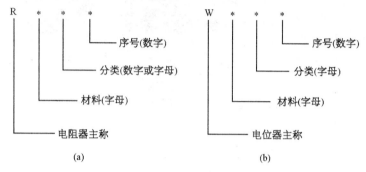

图1-10 电阻器和电位器的型号命名

(a) 电阻器型号命名；(b) 电位器型号命名

表1-1　电阻器型号的意义

第一部分（主称）		第二部分（电阻体材料）		第三部分（类别）		第四部分（序号）
字母	含义	字母	含义	数字或字母	含义	
R	固定电阻器	T	碳膜	1	普通型	常用个位数或无数字表示
		P	硼碳膜	2	普通型	
		U	硅碳膜	3	超高频	
		H	合成膜	4	高阻型	
		I	玻璃釉膜	5	高阻型	
		J	金属膜	6	—	
		Y	氧化膜	7	精密型	
		S	有机实心	8	高压型	
		N	无机实心	9	特殊型	
		X	线绕	G	高功率	
		C	沉积膜	T	可调	
				W	微调	
				D	多圈	

如图 1-10b 所示,电位器的型号命名也由四部分组成:第一部分用字母 W 表示电位器的主称;第二部分用字母表示构成电位器电阻体的材料;第三部分用字母表示电位器的分类;第四部分用数字表示序号。电位器型号的意义见表 1-2,例如,WSW1 型表示螺杆预调有机实心电位器。

表1-2 电位器型号的意义

第一部分(主称)		第二部分(材料)		第三部分(分类)		第四部分(序号)
字母	含义	字母	含义	字母	含义	
W	固定电位器	H	合成碳膜	G	高压类	
		S	有机实心	H	组合类	
		N	无机实心	B	片式类	
		I	玻璃釉膜	W	螺杆预调类	
		X	线绕	Y	旋转预调类	
		J	金属膜	J	单旋精密类	
		Y	氧化膜	D	多旋精密类	
		D	导电塑料	M	直滑精密类	
		F	复合膜	X	旋转低功率	
				Z	直滑低功率	
				P	旋转功率类	
				T	特殊类	

(三)电阻器和电位器的主要参数

1. 电阻器的主要参数

(1)标称阻值。电阻器的标称阻值是为了便于生产,同时考虑到能够满足实际使用,国家规定了一系列数值作为产品的标准。产品出厂时给定的阻值称为电阻器的标称阻值,基本单位是欧姆(Ω),它标注在电阻器上面。如图 1-11 所示,如在 5.1Ω 的电阻器上印有"5.1"或"5R1"字样,在 $6.8k\Omega$ 的电阻器上印有"6.8k"或"6k8"字样。

(2)允许偏差。电阻器的标称阻值与实际阻值不完全相符,存在误差。当 R 为实际阻值、R_X 为标称阻值时,允许偏差为 $\dfrac{R-R_X}{R_X}$。允许偏差表示电阻器阻值的准确程度,常用百分数表示,例如 $\pm5\%$、$\pm10\%$ 等。

(3)额定功率。电阻器的额定功率是指在一定的条件下,电阻器长期连续工作所允许消耗的最大功率。当超过额定功率时,电阻器的阻值会发生改变,严重时还会烧坏。

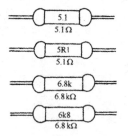

图 1-11   电阻器标称阻值

常用电阻器的功率有 1/8W、1/4W、1/2W、1W、2W、3W、5W、10W 等。2W 以上的电阻,在标注功率时一般直接印在电阻体上;2W 以下的电阻,一般以自身体积大小来表示功率。在电路图上表示功率时,常采用如图 1-12 所示的符号。

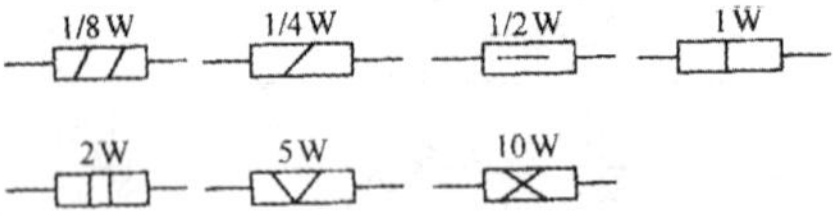

图 1-12   电阻器功率符号

2. 电位器的主要参数

电位器除与固定电阻器有相同的参数,如额定功率和标称电阻外,由于电位器存在活动触点,而且阻值是可调的,因此它还有以下两项参数:

(1) 最大阻值和最小阻值。每个电位器外壳上都标有它的标称阻值,这是指电位器的最大阻值,即两定片之间的电阻值。电位器的最小阻值又称零位阻值,由于活动触点存在接触电阻,因此最小阻值不可能为零,但要求此值越小越好。

(2) 阻值变化特性。它是指电位器阻值随活动触点的旋转角度或滑动行程的变化而变化的规律。常见的电位器阻值变化特性有三种类型:直线式(X 型)、指数式(Z 型)和对数式(D 型)。X 型称为线性电位器,它适合用来分压、调节电流、偏流等;Z 型和 D 型为非线性电位器,它们常用于调整音调和音量。

(四)电阻器的标志识别

由于电阻器的体积很小,所以一般只在其表面标明阻值、精度、材料、功率等几项。对于 1/8～1/2W 的小功率电阻器,通常只标注阻值和精度,而材料及功率则由其外形尺寸和颜色来判别。参数标注的方法一般采用直接标注和色环标注两种。

1. 直接标志法

直接标志法是将参数直接印在电阻器的表面上。如 1.5kΩ 电阻器上印有"1.5k"或"1k5"字样。

2. 色环标志法

色环标志法也称色标法,是在电阻体上印制色环表示其主要参数和特性。色环的标志如下:

(1) 用背景颜色来区别种类。浅色(淡绿色、淡蓝色、浅棕色)表示碳膜电阻;红色表示金属膜电阻或金属氧化膜电阻;深绿色表示线绕电阻。

(2) 用色环表示电阻的阻值及允许偏差。国际统一的色环识别规定见表 1-3。

表 1-3　色环识别定义

颜　色	有效数字	倍率(乘数)	允许偏差(%)
黑	0	10^0	—
棕	1	10^1	±1
红	2	10^2	±2
橙	3	10^3	—
黄	4	10^4	—
绿	5	10^5	±0.5
蓝	6	10^6	±0.25
紫	7	10^7	±0.1
灰	8	10^8	—
白	9	10^9	−20～+5
金	—	10^{-1}	±5
银	—	10^{-2}	±10
无色	—	—	±20

普通电阻的阻值和允许偏差大多用四色环表示,如图 1-13a 所示。从左至右,第一、二个色环表示有效数字,第三个色环表示倍率(乘数),第四个色环与前三个色环距离较大(约为前几环间距的 1.5 倍),表示允许

偏差。

例如,图 1-13b 所示黄、紫、橙、金四环表示的阻值为 $R=47\times10^3\,\Omega=47\mathrm{k}\Omega\pm5\%$;图 1-13c 所示蓝、灰、金、无色四环表示的阻值为 $R=68\times10^{-1}\,\Omega=6.8\Omega\pm20\%$。

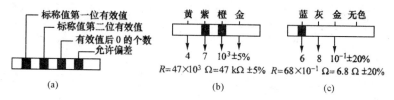

图 1-13　四环电阻色标法

精密电阻(一般为金属膜电阻)采用五色环表示,如图 1-14a 所示。从左至右,前三个色环表示有效数字,第四个色环表示倍率(乘数),与前四环距离较大的第五个色环表示允许偏差。例如,图 1-14b 所示棕、紫、绿、银、棕五环表示的阻值为 $R=175\times10^{-2}\,\Omega=1.75\Omega\pm1\%$。

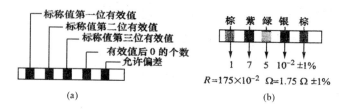

图 1-14　五环电阻色标法

(五) 电阻器和电位器的检测方法

使用电阻器时,首先要知道它是否完好,通常可用万用表进行检测。

1. 固定电阻器的检测

1) 指针式万用表　采用指针式万用表(以 MF47 指针式万用表为例)的测量步骤如下:

(1) 将红表笔插入"+"插孔,黑表笔插入"—"插孔。将功能转换开关转到"Ω"挡,并选择合适的量程,如图 1-15 所示。欧姆挡的量程应视电阻阻值的大小而定,测量之前可通过色环或直接标注的阻值来选择量程。当被测电阻的阻值为几至几十欧时,应选用"R×1"挡;被测电阻的阻值为几十至几百欧时,可选用"R×10"挡;被测电阻的阻值为几百至几千欧时,可选用"R×100"挡;被测电阻在几十千欧以上时,应选用"R×10k"挡。

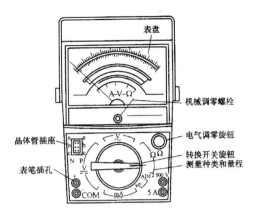

图 1 - 15　MF47 指针式万用表外形

（2）对万用表进行欧姆调零。将红、黑表笔短接，转动面板上调零旋钮，使表头指针指到电阻刻度右边的零值（每调整一次挡位，均应先调零），如图 1 - 16a 所示。

（3）使被测电阻脱离电源，用红、黑表笔分别接触电阻的两个引出端（表笔极性任意），如图 1 - 16b 所示。为了保证测量值的准确性，测量时人体手指不要同时碰到万用表两根表笔的金属部分，也不要碰到被测电阻的两根引线，否则会将人体电阻并接于被测电阻而引起测量误差。

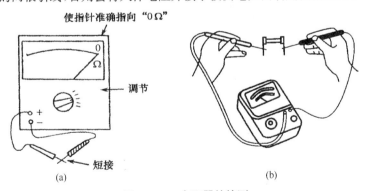

图 1 - 16　电阻器的检测

（a）万用表校零；（b）万用表笔的握法

（4）根据指针的指示值乘以相应的量程挡位，读出被测电阻的阻值。如图 1 - 17 示例中，指针指示值为 20，当量程选择开关位于"R×1"挡时，电阻值 $R=20\Omega$；当量程选择开关位于"R×10"挡时，电阻值 $R=20\times10=$

200Ω；当量程选择开关位于"R×1k"挡时，电阻值 $R=20×1\,000=20\text{k}\Omega$。

测量时，如果指针不摆动，则可将万用表换到阻值较大的挡位，并重新调零后再次测量，如果指针仍不摆动，可能该电阻内部断路。

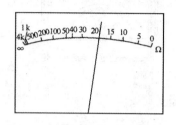

图 1-17　欧姆表指数读数的方法

2）数字式万用表　采用数字式万用表的测量步骤如下：

（1）将红表笔插入万用表"V/Ω"插孔，将功能转换开关转到合适的电阻挡位。

（2）用红、黑表笔分别接触电阻的两个引出端（表笔极性任意），此时显示屏显示的数字即为被测电阻的阻值。刚开始测量时，万用表会有跳数现象，应待稳定后读数。如果读数为"1"，可能是被测量超出所选量程，应重新调整量程后再测量。

2. 热敏电阻的测量步骤

（1）用万用表测量室温下热敏电阻的电阻值，检测阻值是否正常。测量方法与固定电阻相同。

（2）用发热元件（白炽灯、荧光灯、吹发器等）给热敏电阻加热，同时测量其阻值。当温度升高时，其阻值增大，则该热敏电阻是正温度系数的热敏电阻；若其阻值减低，则是负温度系数的热敏电阻。

3. 电位器的检测

电位器实际上是一个连续可调的电阻器，通过调节其滑动臂或动接点，可改变其阻值的大小。与固定电阻器不同的是，其外壳上标注的标称阻值是指电阻器的最大值，即两个定臂之间的阻值。电位器的测量步骤如下：

1）测量标称值。

（1）将万用表功能转换开关转到"Ω"挡，根据电位器的标称阻值选择适当的量程。

（2）将红、黑两根表笔短接，调节调零旋钮使表头指针阻值为0Ω。

（3）用红、黑表笔分别与电位器的两个定臂 1、3 接触（表笔极性任意），表针应指在被测电位器标称的电阻值刻度上，如图 1-18 所示。如表针不动，指示不稳定或指示值与被测电位器标称阻值相差很大，则说明该电位器已损坏。

2）检测动臂与电阻体的接触是否良好 将万用表的一根表笔与电位器滑动臂 2 接触，另一根表笔与电位器的定臂 1 接触，来回旋转电位器的旋转柄（或螺钉），万用表指针应随之平稳地来回移动，如表针不动或移动不平稳，则说明电位器动臂接触不良。然后再将接定臂的表笔改接至定臂 3，重复以上检测步骤。

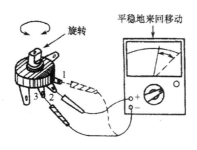

图 1-18   万用表检测电位器

二、电容器的识别与检测方法

（一）电容器简介

1. 电容器

电容器是电工和电子电路中主要元件之一，其基本结构如图 1-19 所示。在两块金属板之间充以不同的绝缘物质（如云母、绝缘纸、电介质等）就构成一个最简单的平板电容器，两块金属板也称电容器的电极，中间的绝缘物质称为介质。

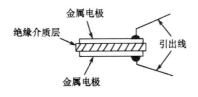

图 1-19   平板电容器

电容器的特点是能在两块金属板上储存等量而异性的电荷,由于是储存电荷的容器,所以称为电容器,简称电容。电容器在电路中用字符 C 表示,其电路符号如图 1-20 所示。

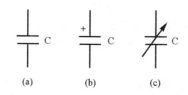

图 1-20　电容器电路符号

(a) 一般电容器;(b) 电解电容器;(c) 可调电容器

2. 电容

电容器所储存的电量 Q 与它的两极板间的电压 U 的比值,称为电容器的电容量,简称电容,用字母 C 表示,即

$$电容量 \ C = \frac{Q}{U} \tag{1-1}$$

式中,Q 为电容器储存的电荷(C);U 为加在两极板之间的电压(V);C 为电容器的电容量(F)。

电容 C 是衡量电容器储存电荷本领的一个物理量。在国际单位制中,电容的单位是法拉(F)、微法(μF)、纳法(nF)、皮法(pF),它们之间的换算关系为

$$1F = 10^6 \, \mu F = 10^9 \, nF = 10^{12} \, pF$$

这里需要注意的是,电容器和电容量都可以简称电容,分别用字母 C 和 C 表示,但两者意义不同。

(二)电容器的分类与命名

电容器的种类很多,按其是否有极性来分,通常可分为无极性电容器和有极性电容器(极板有正、负极之分)。无极性电容器按介质的不同可分为纸介电容器(CZ)、云母电容器(CY)、油浸纸电容器、陶瓷电容器(CC)、有机膜电容器(聚苯乙烯膜或涤纶膜作介质)、金属化纸介电容器。有极性电容器按正极材料不同又可分为铝电解电容器及钽电解电容器。它们的外形如图 1-21 所示。

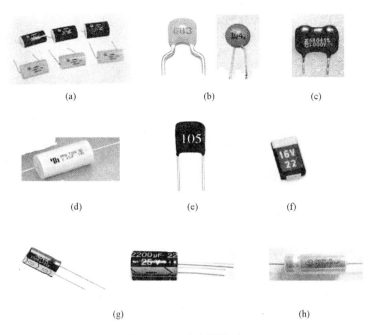

(a)　　　　　　　　(b)　　　　　　　(c)

(d)　　　　　　　(e)　　　　　　　(f)

(g)　　　　　　　　　　　(h)

图 1 - 21　电容器外形

（a）金属化纸介电容器；（b）陶瓷电容器；（c）云母电容器；（d）有机薄膜电
容器；（e）涤纶电容器；（f）贴片电容器；（g）电解电容器；（h）钽电解电容器

如图 1 - 22 所示，国产电容器的型号命名由四部分组成：第一部分用
字母"C"表示电容器的主称；第二部分用字母表示电容器的介质材料；第
三部分用数字或字母表示电容器的类别；第四部分用数字表示序号。电
容器型号中，第二部分介质材料字母代号的意义见表 1 - 4。

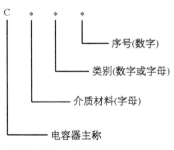

　C　　＊　＊　＊

　　　　　　　　　序号(数字)

　　　　　　　类别(数字或字母)

　　　　介质材料(字母)

　电容器主称

图 1 - 22　电容器的型号命名

表1-4 电容器型号中介质材料字母代号的意义

字 母 代 号	介 质 材 料	字 母 代 号	介 质 材 料
A	钽电解	L	聚酯
B	聚苯乙烯	N	铌电解
C	高频陶瓷	O	玻璃膜
D	铝电解	Q	漆膜
E	其他材料电解	T	低频陶瓷
G	合金电解	V	云母纸
H	纸膜复合	Y	云母
I	玻璃釉	Z	纸介
J	金属化纸介		

（三）电容器的主要参数

（1）标称容量。电容器上所标明的电容值称为标称容量。

（2）允许误差。标称容量并不是准确值，它同该电容的实际电容之间是有差额的，但这一差额是在国家标准规定的允许范围之内，因而称为允许误差。电容器的允许误差，按其精度分为±1%（00级）、±2%（0级）、±5%（Ⅰ级）、±10%（Ⅱ级）及±20%（Ⅲ级）五等。

（3）额定电压。电容器的额定电压又称为电容器的"耐压"。额定电压是指在规定温度下，能保证电容长期连续工作而不被击穿的电压值，它一般直接标注在电容器的外壳上。额定电压表示了电容两端所允许施加的最大电压。如果施加的电压超过了额定电压，电容器将受到不同程度的破坏，严重时电容将被击穿。

如果电容器两端加上交流电压，那么，所加交流电压的最大值（峰值）不得超过额定工作电压。

（四）电容器的标志识别

电容器标注方法主要有直接标志法、数码表示法、字母表示法、色环表示法。

1. 直接标志法

直接标志法主要用在体积较大的电容上，即用文字、数字或符号直接打印在电容器上。它的规格一般为"型号-额定直流工作电压-标称电容-精度等级"。

例如：CJ3-400-0.01-Ⅱ,表示密封金属化纸介电容器，额定直流工作电压为 400V,电容量为 $0.01\mu F$,允许误差为 $\pm 10\%$。

有极性的电容器还印有极性标志。

2. 数码表示法

数码表示法通常采用三位数码表示电容量,单位为 pF。三位数字中,前两位表示有效数字,第三位是倍乘数,如图 1-23 所示。倍乘数的标示数字代表的含义见表 1-5,标示数字为 0~8 时,分别表示 $10^0 \sim 10^8$,而 9 则表示 10^{-1}。例如,203 表示 $20 \times 10^3 = 20\,000pF = 0.02\mu F$。259 表示 $25 \times 10^{-1} = 2.5pF$。

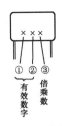

图 1-23 电容器容量数码表示法

表 1-5 电容器上倍乘数的意义

标示数字	0	1	2	3	4	5	6	7	8	9
乘数(10 的幂)	10^0	10^1	10^2	10^3	10^4	10^5	10^6	10^7	10^8	10^{-1}

3. 字母表示法

字母表示法使用的标注字母有四个,即 p、n、μ、m,分别表示 pF、nF、μF、mF。用 2~4 个数字和一个字母表示电容量,字母前为容量的整数,字母后为容量的小数。例如,1p5 表示 1.5pF,4n9 表示 4.9nF。

(五) 电容器的检测

1. 用万用表鉴别电容器的好坏

用万用表电阻挡可以大致鉴别 5 000pF 以上电容器的好坏。检查时把电阻挡量程放在量程高挡位,两表笔分别接触电容器引脚,这时指针快速摆动一下然后复原。调换表笔反向接触电容器引脚,若摆动的幅度比第一次更大,而后又复原,这样的电容器是好的。电容器容量越大,测量时万用表指针摆动越大,指针复原的时间越长。根据指针摆动的大小可以比较两个电容器容量的大小。

对于 5 000pF 以下电容器,用万用表欧姆挡只能判断其内部是否被击穿。若指针指示为零,则表明电容器内部介质材料被破坏,两极板之间短路。

2. 用万用表检查电解电容器的好坏

电解电容器的两个引脚有正、负之分,在检查它的好坏时,对耐压较低的电容器(6V 或 10V),电阻挡应放在 "R×10" 挡或 "R×1k" 挡,把红表笔接电容器的负极,黑表笔接电容器的正极,这时万用表的指针将摆动,然后恢复到零位或零位附近。这样的电解电容器是好的。电解电容器的容量越大,充电时间越长,指针摆动越慢。

3. 用万用表判断电解电容的正、负极

电解电容由于有正、负极性,因此在电路中不能颠倒连接。电解电容的极性一般可以通过直接观察来分析,新的电解电容正极引脚长,在负极外表标有"—"号。对于旧的电解电容,极性不明确时,可用万用表电阻挡测量其漏电阻的大小来判断极性。具体方法是:将万用表置"R×1k"挡,用红、黑表笔接触电容的两个引脚,测量漏电阻值的大小(指针回摆并停下时所指示的阻值),然后将红、黑表笔对调后再测一次,比较两次测量结果,对漏电阻较大的一次,黑表笔所接的一端为电解电容的正极,红表笔所接的一端为电解电容的负极。

三、电感线圈的识别与检测方法

(一) 电感线圈简介

1. 电感线圈

用导线绕制成线圈便构成电感器,也称为电感线圈,简称电感。电感线圈是一切电机、变压器、接触器以及其他电磁器件的重要组成部分之一。电感是一种储存磁场能量的电路元件。在电路中用字符 L 表示,其电路图形符号如图 1-24 所示。

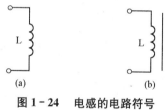

图 1-24　电感的电路符号

(a) 一般线圈;(b) 铁心及磁心线圈

2. 电感及自感电动势

由电磁感应现象可知,当一个线圈中的电流发生变化时,这个电流将产生磁场使该线圈具有磁链 ψ,把线圈中通过单位电流所产生的自感磁链定义为自感系数,也称为电感量,简称电感,用字母 L 表示,即

$$电感量\ L=\frac{\psi}{i} \tag{1-2}$$

式中,ψ 为通过线圈的电流产生的自感磁链(Wb);i 为流过线圈的电流(A);L 为线圈的电感量(H)。当线圈通过 1A 电流能够产生 1Wb 的自

感磁链,则该线圈的电感量就是1H。在实际使用中,一般线圈具有的电感量都比较小,因而常采用比较小的单位,毫亨(mH)、微亨(μH),它们之间的换算关系为

$$1H = 10^3 \, mH = 10^6 \, \mu H$$

由电磁感应定律得知,当电感线圈中电流发生变化时,就会在线圈两端感应出电动势,这种由于流过线圈本身的电流发生变化而引起的感应电动势称为自感电动势,用字母 e_L 表示,自感电动势的表示式为

$$e_L = -L \frac{\mathrm{d}i}{\mathrm{d}t} \qquad (1-3)$$

式中,L 为线圈的电感量;$\frac{\mathrm{d}i}{\mathrm{d}t}$ 为电流的变化率。

上式表明,自感电动势 e_L 与线圈的电感 L 和线圈中电流的变化率 $\frac{\mathrm{d}i}{\mathrm{d}t}$ 的乘积成正比。当线圈电感量一定时,线圈电流变化越快,自感电动势越大;线圈的电流变化越慢,自感电动势越小;线圈电流不变,则没有电动势。反之,在电流变化率一定时,若线圈的电感量 L 越大,自感电动势越大;线圈电感量 L 越小,自感电动势越小。所以,电感量 L 也反映了线圈产生自感电动势的能力。

这里需要注意的是,电感线圈和电感量都可以简称电感,分别用字母 L 和 L 表示,但两者意义不同。

（二）电感线圈的分类与命名

电感线圈按使用特征可分为固定线圈和可调节线圈。按磁心材料可分为空心线圈、磁心线圈和铁心线圈等。按结构可分为小型固定电感、平面电感等。常用的电感线圈外形如图 1-25 所示。

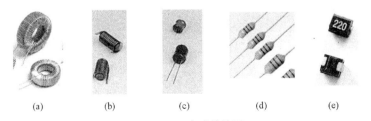

| (a) | (b) | (c) | (d) | (e) |

图 1-25　电感的外形

（a）环形电感；（b）棒形电感；（c）工字形电感；（d）色环电感；（e）贴片电感

电感线圈除少数可采用现成产品外,通常为非标准元件,需要根据电路要求自行设计、制作。如图 1-26 所示,国产电感线圈的型号命名一般由四部分组成:第一部分用字母表示电感线圈的主称,"L"为电感线圈,"ZL"为阻流圈;第二部分用字母表示电感线圈的特征,如"G"为高频;第三部用字母表示电感线圈的类型,如"X"为小型;第四部分用字母表示区别代号。

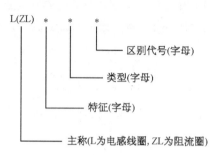

L(ZL)　＊　＊　＊

区别代号(字母)

类型(字母)

特征(字母)

主称(L为电感线圈,ZL为阻流圈)

图 1-26　电感线圈的型号命名

(三) 电感线圈的主要参数

(1) 电感量。电感量 L 是表征产生自感电动势能力的物理量。它是线圈的固有参数,其大小与线圈的匝数、尺寸和导磁材料有关。对于空心线圈,由于其介质是空气,空气的磁导率是恒定不变的,所以空心线圈的电感是线性电感。对于铁心线圈,因为铁心的磁导率不是常数,所以铁心线圈的电感是非线性的。

(2) 额定电流。额定电流是指电感线圈在正常工作时,所允许通过的最大电流。使用中电感线圈的实际工作电流必须小于电感线圈的额定电流,否则会导致电感线圈发热甚至烧毁。额定电流用字母标示在电感元件上。

(四) 电感线圈的标志识别

电感线圈的标注方法主要有直接标志法、色环表示法和色点标示法。

1. 直接标志法

直接标志法是将电感量及单位直接打印在电感元件外壳上,如图 1-27 所示。

2. 色环表示法

色环表示法是用色环表示电感量,其标注方法与电阻器的色环标志法相同,单位为 μH,如图 1-28 所示。

3. 色点标示法

对于球形电感元件(或球形电容元件),在其外壳上印制色点,表示它们的主要参数。用色点表示电感量与电阻的色环标志相似,但顺序相反,即从右到左,第一、二个色点表示有效数字,第三个色点为倍率,单位为μH。各颜色的代表意义见表 1-3。例如,图 1-29 所示灰、红、金、无色表示的电感量 $L = 82 \times 10^{-1} = 8.2 \mu H$,允许偏差为 $\pm 20\%$。

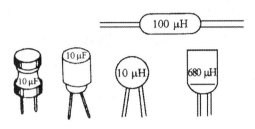

图 1-27　电感量直接标志法

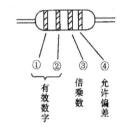

图 1-28　电感量色环表示法

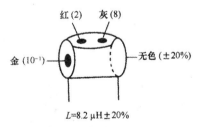

图 1-29　电感量色点标示法

第二章 直流电路分析与测试

第一节 简单直流电路的分析

一、欧姆定律

欧姆定律是由德国物理学家欧姆从大量实验中得到的结论,它是电路分析的基本定律之一。

1. 部分电路的欧姆定律

部分电路是指一段不包含电源的电路,在图 2-1a 所示电路中,当电流 I 和电压 U 为关联参考方向时,I、U 和电阻 R 三者之间的关系为

$$I = \frac{U}{R} \tag{2-1}$$

在图 2-1b 所示电路中,当电流 I 和电压 U 为非关联参考方向时,I、U 和电阻 R 三者之间的关系为

$$I = -\frac{U}{R} \tag{2-2}$$

式中,I 为电路中的电流(A);U 为电路两端的电压(V);R 为电路的电阻(Ω)。

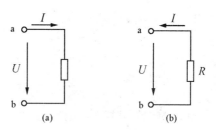

图 2-1 部分电路

(a) 电压与电流为关联参考方向; (b) 电压与电流为非关联参考方向

式(2-1)就称为欧姆定律,它表明在一段电路中,当电阻 R 一定时,

电流 I 与电路电压 U 成正比；当电路电压 U 一定时，电流 I 与电阻 R 成反比。由此可见，电阻具有对电流起阻碍作用的特性。

如果已知电压 U 和电流 I，就可以利用式（2-1）求得电阻，即

$$R = \frac{U}{I} \qquad\qquad (2-3)$$

式中，若 R 为常数，这样的电阻称为线性电阻，即其阻值 R 不随电压和电流的变化而变化。电路元件上电压 U 与通过该元件的电流 I 之间的函数关系 $U=f(I)$ 称为该元件的伏安特性，用 U 和 I 分别作为纵坐标和横坐标绘成的曲线称为伏安特性曲线。线性电阻的伏安特性为一条过原点的直线，如图 2-2a 所示。

若电阻的阻值 R 不等于常数，即它随着电压或电流的变化而变化，这样的电阻称为非线性电阻。例如，白炽灯在工作时，灯丝处于高温状态，灯丝电阻随着温度的改变而改变，其伏安特性曲线为一条曲线，如图 2-2b 所示。晶体二极管、三极管等元件都是非线性电阻元件。

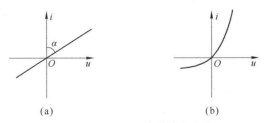

图 2-2　电阻元件的伏安特性

（a）线性电阻伏安特性；（b）非线性电阻伏安特性

实际上，所有的电阻器、电灯、电炉等器件，它们的伏安特性曲线或多或少都是非线性的。但在一定条件下，这些器件（特别是绝大多数金属膜电阻、线绕电阻和碳膜电阻等）的伏安特性曲线近似为一直线。

2. 全电路欧姆定律

含有电源的闭合回路称为全电路，如图 2-3 所示。图中虚线框部分表示电源，U_s 为电源电动势，R_0 为电源的内电阻。

全电路欧姆定律的内容是：电路中电流 I 与电源电压 U_s 成正比；与电源的内阻 R_0 和负载电阻 R 之和成反比，即

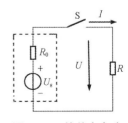

图 2-3　简单全电路

$$I = \frac{U_s}{R_0 + R} \tag{2-4}$$

式（2-4）又可写成

$$U_s = I(R_0 + R) = IR_0 + IR = U_0 + U \tag{2-5}$$

式中，U_0 为电源内阻上的电压降；U 为负载电阻两端的电压，也是电源两端的电压。式(2-5)表明，全电路中电源电压等于电源内阻上电压降与负载端电压之和。

3. 电阻元件上消耗的功率

线性电阻元件总是消耗电能的，而不可能发出电能。当电阻元件的电压、电流为关联参考方向时，电阻元件的功率为

$$P = UI = I^2 R = \frac{U^2}{R} \tag{2-6}$$

上式表明，当电路的电阻一定时，电阻消耗的功率与电压或电流的平方成正比。

4. 负载的额定值

电流通过电阻时，电流所做的功被电阻吸收并转化为热能，并以热量的形式表现出来，称为电流的热效应。电流的热效应应用很广泛，利用它可以制成电炉、电烙铁、电烘箱等电器。但电流的热效应也有不利的一面，如电流的热效应会使电路中导线发热，这不仅消耗能量，而且会使用电设备的温度升高，加速绝缘材料的老化，从而导致漏电，甚至烧坏设备。

为了保证电气元件和电气设备能长期安全工作，规定了电气元件和电气设备所允许的最大工作电流、电压和功率，分别称为额定电流 I_N、额定电压 U_N、额定功率 P_N，即电气设备的额定值。例如，灯泡上标有"220V、40W"或电阻上标有"100Ω、3W"等，都是指额定值。电气设备的额定值通常标注在设备外壳的铭牌上，也可查阅设备说明书或电工手册。在使用电气设备时，应注意不要超过它的额定值。

二、简单电阻电路的分析

电路按结构可分为简单电路和复杂电路。简单电路是指电路只有单一的闭合回路，也称为无分支电路。最常见的简单电路是由电阻组成的串联、并联和混联电路。

1. 电阻的串联电路

在电路中，将多个电阻首尾依次连接，这种连接方式称为电阻的串

联,如图 2-4 所示。

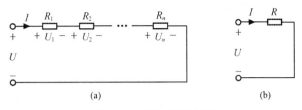

图 2-4　电阻串联电路

（a）电阻串联；（b）等效电路

电阻串联电路具有以下特点：

（1）流过每个电阻的电流都相等,即

$$I=I_1=I_2=I_3=\cdots=I_n \tag{2-7}$$

式中,下标 $1,2,3,\cdots,n$ 分别代表第 $1,2,3,\cdots,n$ 个电阻。这是因为串联电路没有分支,在电压作用下,这个闭合回路流过同一个电流。这一特点也是判断电阻是否串联的一个重要依据。

（2）电路两端的总电压等于各个电阻两端电压之和,即

$$U=U_1+U_2+U_3+\cdots+U_n \tag{2-8}$$

由全电路欧姆定律可得到图 2-4 电路总电压为

$$U=I(R_1+R_2+R_3+\cdots+R_n)$$
$$=IR_1+IR_2+IR_3+\cdots+IR_n$$
$$=U_1+U_2+U_3+\cdots+U_n$$

（3）电路的总电阻 R 等于各串联电阻之和,即

$$R=R_1+R_2+R_3+\cdots+R_n \tag{2-9}$$

为了简化电路的分析计算,常用一个电阻来代替几个串联电阻的总电阻,这个总电阻称为等效电阻。图 2-4b 所示电路就是采用等效电阻表示后串联电路的等效电路。

所谓等效电路,是指在电路分析中可以把由很多元件组成的但只有两个端口与外部电源或其他电路相连接的电路作为一个整体看待,称为二端网络。如图 2-5a 所示,虚线方框的部分就是一个二端网络,它可以用图 b 中的 N 来表示。一个二端网络在电路中的作用或说它的性质是由它端口上的电压、电流关系即伏安特性来决定的,具有相同端口伏安特性的两个二端网络在电路中的作用是完全相同的。因此,关于等效电路有如下定义:如果有内部结构和参数完全不同的两个二端网络 N_1 和 N_2,

如图 2-6 所示,它们对应端口的伏安特性 $u=f(i)$ 完全相同,则称 N_1 和 N_2 是完全相互等效的二端网络。

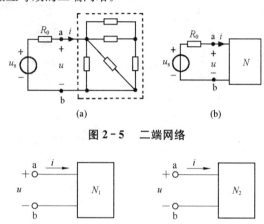

图 2-5　二端网络

图 2-6　二端网络的等效

(4) 在串联电路中,各电阻上的电压与它们的阻值成正比,即

$$U_n = \frac{R_n}{R}U \qquad (2-10)$$

式中,R 是等效电阻,其阻值为 $R=R_1+R_2+R_3+\cdots+R_n$;R_n 是第 n 个电阻的阻值;U 是电路总电压;U_n 表示第 n 个电阻两端的电压。上式表明,电阻越大,分配得到的电压越大;反之,电阻越小,分配得到的电压越小。式(2-10)常称为电阻串联的分压公式。

电阻串联电路的应用很广。有时一个电源要供给几种不同的电压,这时,常采用几个电阻串联的分压器来实现。还可利用串联电阻来限制或调节电路中电流的大小。

2. 电阻的并联电路

在电路中,将多个电阻的一端共同连接在电路的一点上,把它们的另一端共同连在另一点上,这种连接方式称为电阻的并联。如图 2-7a 所示为三个电阻的并联电路。

电阻并联电路具有以下特点:

(1) 各电阻两端的电压相等,且等于电路两端的总电压,即

$$U=U_1=U_2=U_3=\cdots=U_n \qquad (2-11)$$

(2) 电路的总电流等于各并联电阻中电流之和,即

$$I=I_1+I_2+I_3+\cdots+I_n \qquad (2-12)$$

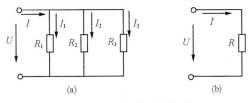

图 2 - 7　三个电阻的并联

（a）电阻并联；（b）等效电路

（3）并联电路的等效电阻 R（即总电阻）的倒数等于各并联电阻的倒数之和，即

$$\frac{1}{R} = \frac{1}{R_1} + \frac{1}{R_2} + \frac{1}{R_3} + \cdots + \frac{1}{R_n} \qquad (2-13)$$

（4）在并联电路中，各并联支路的电流与支路的电阻值成反比，即

$$I_n = \frac{R}{R_n} I \qquad (2-14)$$

式中，R 为等效电阻。

上式表明，支路电阻越大，它所分配的电流越小；反之，支路电阻越小，它所分配的电流越大。式（2-14）通常称为电阻并联的分流公式。

在并联电路中，最常用的是两条支路分流，如图 2-8 所示，根据式（2-14）可得分流公式为

$$I_1 = \frac{R_2}{R_1 + R_2} I \qquad （R_1 \text{支路的电流}）$$

$$I_2 = \frac{R_1}{R_1 + R_2} I \qquad （R_2 \text{支路的电流}）$$

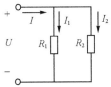

图 2 - 8　两个电阻并联电路

并联电路的应用也十分广泛。凡额定电压相同的负载几乎全是并联的，这样任何一个负载的工作情况基本不受其他负载的影响，可以根据需要来接通或断开各个负载。

3. 电阻的混联电路

在一个电路中既有电阻的串联，又有电阻的并联，这种连接方式称为混合连接，简称混联。混联的方式有多种多样，如图 2-9 所示。

电阻混联电路的计算步骤如下：

（1）根据电阻串联、并联关系将电路化简求出电路的等效电阻。

（2）根据欧姆定律求出电路的总电流或端电压。

（3）由原来的电路求出各支路的电流、电压、功率。

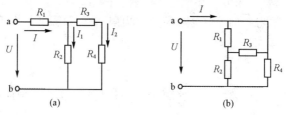

图 2-9　混联电路

三、电压源和电流源

任何一种电路必须有电源（如干电池、发电机、蓄电池、光电池等）持续不断地向电路提供能量。将各种电源发出电能的特性抽象为电压源元件和电流源元件。

1. 理想电压源和实际电压源

有些实际电源是以输出电压的形式向负载供电的，且提供的端电压基本是稳定的（如干电池、蓄电池、发电机、直流稳压电源等），把这类电源抽象为理想电压源元件，简称电压源。

理想电压源的电路符号如图 2-10 所示。在 $U-I$ 平面上，若以横坐标表示电流 I，以纵坐标表示端电压 U，则可绘制出电压源的伏安特性曲线，如图 2-10b 所示，它是一条平行于 I 轴的直线，其伏安特性为

$$\left.\begin{array}{llll} \text{对于直流} & U=U_s & I \text{ 为任意值} \\ \text{对于交流} & u=u_s(t) & i \text{ 为任意值} \end{array}\right\} \quad (2-15)$$

式（2-15）表明了理想电压源的基本性质：

（1）它的端电压是定值 U_s 或是一定的时间函数 $u_s(t)$，与流过的电流无关。当电流为零时，其两端仍有电压 U_s 或 $u_s(t)$。

（2）理想电压源的电压是由它本身确定的，而流过它的电流则是任意的。

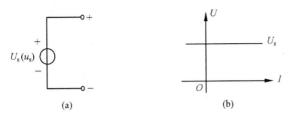

图 2 - 10　电压源的电路符号及伏安特性

（a）电压源；（b）伏安特性曲线

　　这就是说，理想电压源中的电流不是由它本身确定的，而是由与之相连接的外电路决定的。电流可以在不同的方向流过电压源，电压源既可以对外电路提供能量，也可以从外电路接收能量，视电流的方向而定。因此电压源是一种有源元件。

　　定义理想电压源是有重要理论价值和实际意义的，但理想电压源在实际中是不存在的，因为任何电源总存在内阻。因此，一个实际电压源都可以用一个恒定的电源电压与一个电阻串联的电路模型来表示，如图 2 - 11a 虚线框所示。图中 U_s 为电压源的恒定电压，其参考极性如图中所示；R_0 为电压源的内阻。当电压源的 a、b 端接负载时，有电流 I 流过电路，电压源输出电压 U 的大小为

$$U = U_s - IR_0 \qquad (2 - 16)$$

　　式（2 - 16）为实际电压源的伏安特性（或称为外特性）。它的伏安特性曲线如图 2 - 11b 所示，是一条下倾的斜线。实际电压源的伏安特性表明了输出电压 U 随着负载电流 I 变化的关系，当负载电阻 R 为无穷大即外电路开路时，$I = 0$，端电压 U 就等于电压源电压 U_s；当负载电阻 R 变

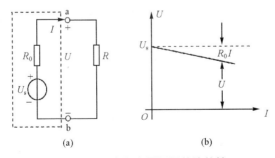

图 2 - 11　实际电压源及其外特性

（a）实际电压源；（b）外特性曲线

小时,电路中的电流 I 将增加,内阻上的压降 IR_0 随之增加,端电压 U 将减小。

2. 理想电流源和实际电流源

有些电源是以输出电流的形式向负载供电的,且提供的电流基本是稳定的(如光电池、电子稳流器等),把这类电源抽象为理想电流源元件,简称电流源。

电流源的电路符号如图 2-12a 所示,图中 I_s 为电流源恒定电流,箭头表示 I_s 的参考方向。在 $U\text{-}I$ 平面上,若以横坐标表示电压 U,以纵坐标表示端电流 I,则可绘制出电流源的伏安特性曲线,如图 2-12b 所示,它是一条平行于 U 轴的直线,其伏安特性表示为

$$\left.\begin{array}{lll}\text{对于直流} & I=I_s & U \text{ 为任意值}\\ \text{对于交流} & i=i_s(t) & u \text{ 为任意值}\end{array}\right\} \qquad (2-17)$$

式(2-17)表明了电流源的基本性质:

(1)它发出的电流是定值 I_s 或是一定的时间函数 $i_s(t)$,与两端的电压无关。当电压为零时,它发出的电流仍为 I_s 或 $i_s(t)$。

(2)理想电流源的电流是由它本身确定的,而它两端的电压则是任意的。

这就是说,理想电流源两端的电压不是由它本身确定的,而是由与之相连接的外电路来决定的。电流源两端电压可以有不同的极性,因而电流源既可以对外电路提供能量,也可以从外电路接收能量,视电压的极性而定。因此电流源是一种有源元件。

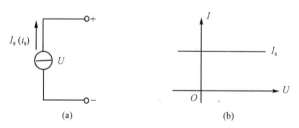

图 2-12　理想电流源符号及伏安特性

(a)电流源;(b)伏安特性曲线

同样,理想电流源实际上是不存在的。对于任何一个实际电源,都可以用一个恒定的电流源和一个电阻并联组合的电路模型来表示,如图 2-13a 虚线框所示,图中 I_s 为电流源的恒定电流,R_0' 为电流源的内电阻。

当电流源两个端点 a、b 接负载时,有电流 I 流过电路,输出电流的大小为

$$I = I_s - \frac{U}{R_0'} \qquad (2-18)$$

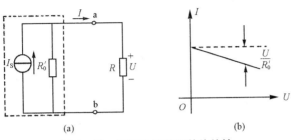

图 2-13　实际电流源及其外特性

（a）实际电流源；（b）外特性曲线

式中,$\frac{U}{R_0'}$ 为内阻中的电流。实际电流源的伏安特性曲线如图 2-13b 所示,它也是一条下倾的直线。

　　3. 实际电源两种电路的等效变换

　　由上述分析可以知道,实际电压源和实际电流源的伏安特性曲线都是下倾的斜线,当满足一定条件时,它们可以互为等效电路,即它们的外特性相同。

　　由式(2-16)可得出

$$I = \frac{U_s}{R_0} - \frac{U}{R_0}$$

与式(2-18)比较,显然,如果满足如下条件

$$R_0 = R_0' \qquad (2-19)$$

$$I_s = \frac{U_s}{R_0} \ 或 \ U_s = I_s R_0 \qquad (2-20)$$

则式(2-16)和式(2-18)完全相同,亦即实际电压源电路和实际电流源电路是等效的。图 2-14 表明根据式(2-19)、式(2-20)对两种实际电源电路进行的等效变换。即将实际电压源转换为实际电流源时,只需将电压源的短路电流 U_s/R_0 作为电流源的恒定电流 I_s,内阻由并联连接改为串联连接,其阻值不变;反之,将实际电流源转换为实际电压源时,只需将电流源电流的开路电压 $I_s R_0$ 作为电压源恒定电压 U_s,内阻由串联改为并联,其阻值不变。

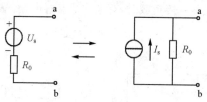

图 2 - 14   实际电源的等效变换

需要注意的是,两种电源电路在等效变换时,电压源电压的极性与电流源电流的方向在电路中应保持一致,即 I_s 的方向由 U_s 的负极指向正极。

还需要说明,这两种电源电路的等效变换仅仅是对外电路(虚线框外部)等效,即变换前后端口的外特性保持不变,而对两种电源内部并不等效。另外,对于理想电压源由于内阻为零,对于理想电流源其内阻为无穷大,因此,理想电压源与理想电流源之间是不能互相转换的。

第二节   复杂直流电路的分析

一、基尔霍夫定律

前面所分析的电阻串联、并联及混联等电路都可以利用等效变换,将电路化简成一个单回路,这样的电路称为简单电路。但是在实际工作中,有时也会遇到如图 2 - 15 所示电路。在图 2 - 15a 中,虽然只有一个电源,但是五个电阻彼此既不是并联,也不是串联,所以不能用串联、并联的方法来化简计算。在图 2 - 15b 中,虽然只有三个电阻元件,可是两个电源在不同的支路上,三个电阻之间没有串并联关系。把上面这种不能用

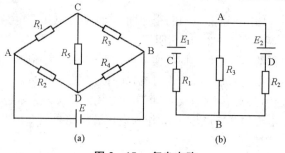

图 2 - 15   复杂电路

电阻的串联、并联简的电路,称为复杂电路。对于复杂电路的分析,仅用欧姆定律来计算是不行的,还需依据电路的另一基本定律——基尔霍夫定律进行分析。

1. 电路结构常用名词

(1) 支路。一个二端元件或同一电流流过的几个二端元件相互连接起来组成的分支称为支路。例如图2-15b所示电路有三条支路,即U_{s1}、R_1支路;R_3支路;U_{s2}、R_2支路。含有电源的支路称为有源支路,没有电源的支路称为无源支路。

(2) 节点。具有两条或两条以上支路的连接点称为节点。例如图2-15a中有A、B、C、D四个节点。

(3) 回路。电路中的任一闭合路径称为回路。例如图2-15b中有三个回路,即ABCA回路、ADBA回路、ADBCA回路。

(4) 网孔。网孔是回路的一种。将电路画在平面上,在回路内部不另含有支路的回路称为网孔。例如图2-15b中,ABCA回路和ADBA回路是网孔,而ADBCA回路就不是网孔。

2. 基尔霍夫定律

基尔霍夫定律是由德国物理学家基尔霍夫于1847年提出的。它既适用于直流电路,也适用于交流电路,对于含有电子元件的非线性电路也适用。基尔霍夫定律包括基尔霍夫电流定律和基尔霍夫电压定律。

(1) 基尔霍夫电流定律,又称节点电流定律,简写为KCL。它揭示了电路必须遵守电荷守恒法则——能量既不能创造也不能消灭。基尔霍夫电流定律的基本内容表述为:对于电路中的任一节点,在任一时刻,流进(或流出)该节点的所有支路电流的代数和为零。即

$$\sum I = 0 \qquad\qquad (2-21)$$

式(2-21)称为基尔霍夫电流方程,简称KCL方程。在该式中规定:流入节点的电流为正;流出节点的电流为负。

例如,在图2-16所示电路中,共有五条支路汇集于一个节点,各支路电流的参考方向如图中所示,其中电流I_1和I_4是流入节点的,电流I_2、I_3、I_5是流出节点的,则可得到

$$I_1 + I_4 - I_2 - I_3 - I_5 = 0$$

上式也可改写为 $\qquad I_1 + I_4 = I_2 + I_3 + I_5$

它表明流入该节点电流的代数和等于流出该节点的代数和,其一般表达式为

$$\sum I_入=\sum I_出 \tag{2-22}$$

式(2-21)和式(2-22)是 KCL 的两种表达形式。

　　基尔霍夫电流定律不仅适用于节点,也可以推广用于一个闭合曲面(称为广义节点)。如图 2-17 所示,电路中某一部分被闭合曲面 S 所包围,则流入此闭合曲面 S 的电流必须等于流出曲面 S 的电流,即 $I_1=I_2$。

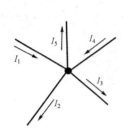

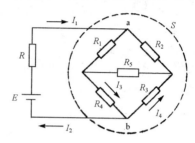

图 2-16　节点电流　　　　图 2-17　流入流出闭合曲面的电流相等

　　在运用 KCL 时常需要和两套符号打交道:一套是方程式中各项前的正、负符号,它取决于电流参考方向与节点的相对关系,流入节点为正,流出节点为负;另一套是电流本身的正负号,它取决于电流的实际方向与参考方向是否一致,两者不要混淆。

　　(2) 基尔霍夫电压定律,也称回路电压定律,简写为 KVL。它揭示了电路必须遵守能量守恒法则。基尔霍夫电压定律的基本内容表述为:对于电路中任一回路,在任一时刻,沿着该回路的所有支路电压降的代数和等于零,即

$$\sum U=0 \tag{2-23}$$

　　式(2-23)称为基尔霍夫电压方程,简称 KVL 方程。在该式中规定,按顺时针方向绕行,若支路电压的参考方向与回路绕行方向一致时(从"+"极性指向"-"极性)电压取正;若支路电压的参考方向与回路绕行方向相反时(从"-"极性指向"+"极性)电压取负。当然,也可按逆时针方向绕行来列方程,其结果是等效的。

　　在运用 KVL 时也需要和两套符号打交道:一套是方程中各项前的符号,它取决于各元件电压降的参考方向与所选的绕行方向是否一致,一致取正号,反之取负号;另一套是电压降本身的正负号,它取决于电压的实际方向与参考方向是否一致,两套符号不要混淆。

　　基尔霍夫电压定律不仅可以应用于任一闭合回路,而且可以应用于

任一不闭合的电路。

如图 2-18 所示的含有电源的某支路，a、b 两处没有闭合，此时不妨把电路看作一闭合回路，假设其间有一个电压 U_{ab}，此电压与该回路的其他电压仍满足基尔霍夫电压定律。

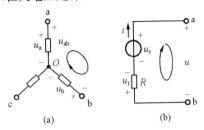

图 2-18　KVL 应用于不闭合电路

二、节点电压法

在复杂电路中有时会碰到这样的电路，其特点是支路较多而节点很少，如图 2-19 所示电路。对于这样的电路，通常用节点电压法，即以节点电压为未知量来列写方程。所谓节点电压是指，在电路中任意选择某一个节点为参考点，其他节点与参考节点间的电压便是节点电压，节点电压的参考极性以参考节点为负。例如，在图 2-19 所示电路中，具有两个节点 1 和 0，若选择 0 为参考节点，则节点电压为 U_1。下面主要介绍具有两个节点的复杂直流电路的节点电压法。

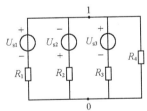

图 2-19　具有两个节点复杂直流电路

在图 2-19 所示电路中，假设各电压源电压和支路电流的参考方向如图所示，根据全电路欧姆定律，得到各支路电流分别为

$$I_1 = \frac{U_{s1} - U_1}{R_1}$$

$$I_2 = \frac{-U_{s2} - U_1}{R_2}$$

$$I_3 = \frac{U_{s3} - U_1}{R_3}$$

$$I_4 = \frac{U_1}{R_4}$$

根据基尔霍夫电流定律得到节点 1 的电流方程式为

$$I_1 + I_2 + I_3 - I_4 = 0$$

将各支路电流值代入上式得到

$$\frac{U_{s1} - U_1}{R_1} + \frac{-U_{s2} - U_1}{R_2} + \frac{U_{s3} - U_1}{R_3} - \frac{U_1}{R_4} = 0$$

经整理后,可解出节点电压 U_1 为

$$U_1 = \frac{\dfrac{U_{s1}}{R_1} - \dfrac{U_{s2}}{R_2} + \dfrac{U_{s3}}{R_3}}{\dfrac{1}{R_1} + \dfrac{1}{R_2} + \dfrac{1}{R_3} + \dfrac{1}{R_4}}$$

写成一般表达式为

$$U = \frac{\sum\left(\dfrac{U_s}{R}\right)}{\sum\left(\dfrac{1}{R}\right)} \tag{2-24}$$

式(2-24)为具有两个节点(也称具有一个独立节点)电路的节点电压方程。它表明,节点电压等于各支路电压源电压除以电阻(也即流入或流出独立节点的电流)的代数和与各支路电阻倒数之和的比值。式中,分母各项的符号都是正的,分子中各项的符号按以下原则确定:当电压源电压的正极性端连接到节点 1 时取正;反之取负。

三、戴维南定理

在实际问题中,往往一个复杂电路并不需要把所有支路电流都求出来,而只要求出某一支路的电流。在这种情况下,可采用一种较为简便的计算方法,即戴维南定理。戴维南定理是法国电信工程师戴维南通过实验研究复杂电路的等效化简,于 1883 年提出解决这种问题的简便算法。这里,主要介绍戴维南定理的基本内容及计算方法。

前面已了解了二端网络的概念。二端网络内如果没有电源称为无源二端网络,前面讨论过的电阻的串联、并联及混联电路都属于无源二端网络,它可以用一个等效电阻来替代。二端网络内如含有电源则称为有源二端网络,在图 2-20a 虚线框内的部分就是一个有源二端网络。二端网

络对外电路的作用可用一个简单的等效电路来代替。而对于一个有源二端网络,其内部常常有多个电压源和多个电阻,是否可以用一个电压源和一个电阻的串联组合来代替呢? 这就是戴维南定理要回答的问题。

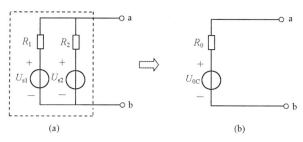

图 2 - 20　有源二端网络

(a) 有源二端网络;(b) 戴维南等效电路

戴维南定理的内容为:任何一个线性有源二端网络,对外电路来说,可以用一个电压源和一个电阻的串联组合来等效代替,其电压源的电压等于原来有源二端网络的开路电压,用 U_{0C} 表示,电阻则等于该网络中所有独立电源置零(电压源短接,电流源开路)时,两个端点间的等效电阻,用 R_0 表示。根据戴维南定理,图 2 - 20a 可画成如图 2 - 20b 所示电路,称为戴维南等效电路。

戴维南定理也称为等效发电机定理。要强调的是,关于"等效"的含义是针对外电路而言的,即当线性有源二端网络用戴维南等效电路替代后,外电路中的电压、电流均保持不变,至于线性有源二端网络与戴维南等效电路内部的电压、电流以及功率是不等效的。

应用戴维南定理求某一支路电流和电压的计算步骤如下:

(1) 把复杂电路分成待求支路和有源二端网络两部分。

(2) 将待求支路移开,求出有源二端网络两端点之间的开路电压 U_{0C}。

(3) 将网络内各电压源短路、电流源开路,求出无源二端网络两端点间的等效电阻 R_0。

(4) 画出戴维南等效电路,并将其与待求支路连接,用欧姆定律或基尔霍夫定律求支路电流或电压。

【例 2 - 1】如图 2 - 21a 所示电路,用戴维南定理计算流过 3Ω 电阻的电流 I 及电压 U_{ab}。

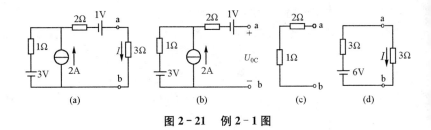

图 2 - 21　例 2 - 1 图

解：

(1) 把电路分成待求支路和有源二端网络两部分，移走待求支路，得到有源二端网络，如图 2 - 21b 所示。

(2) 由图 2 - 21b 求开路电压 U_{0C}。由于端点 a、b 断开，2Ω 支路中电流为零，左边回路中的电流由理想电流源决定为 2A。假定绕行方向为顺时针，由 KVL 方程可求得开路电压为

$$U_{0C}=1+1\times2+3=6V$$

(3) 将有源二端网络内所有的电压源短路、电流源开路，得到图 2 - 21c 所示电路，求出 a、b 两个端点间的等效电阻为

$$R_0=2+1=3\Omega$$

(4) 画出戴维南等效电路，接上待求支路，如图 2 - 21d 所示，求出支路电流 I 和电压 U_{ab} 为

$$I=\frac{U_{0C}}{R_0+R}=\frac{6}{3+3}=1A$$

$$U_{ab}=IR=1\times3=3V$$

四、负载获得最大功率的条件

任何电路都无例外地进行着由电源到负载的功率传输。由于电源存在一定内阻，有电流时电源内部将消耗功率，这部分功率不能有效利用，而成为功率损耗(简称功耗)。图 2 - 22a 是一个接有负载 R 的闭合电路。图中 R 可以是串联、并联、混联电路及其他电路的等效电阻。电源提供的总功率由内阻上的功耗和负载上获得的功率这两部分组成，即

$$P_0=P+I^2R_0 \tag{2-25}$$

式中，$P_0=U_sI$ 为电源提供的功率；I^2R_0 为内阻上的功耗；$P=I^2R$ 为负载功率。由此可知，若内阻上的功耗增大，则负载功率就减小。电源电压及其内阻一般是固定的，因而负载获得的功率和负载电阻 R 的大小有密

切关系。在图 2-22 中,如果改变电阻 R 的大小,就会发现 R 上获得的功率有所不同。图 2-22b 所示就是当负载变化引起功率变化的曲线,由此可见,对应于负载电阻为某一值时,负载功率达最大。那么,负载电阻符合什么条件,它就能从电源获得最大功率呢?

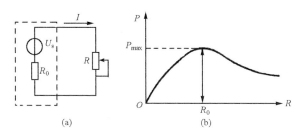

图 2-22　改变负载引起功率的变化

(a) 负载电路;(b) 功率变化曲线

从前面学过的知识知道,负载电阻 R 获得的功率应为

$$P = I^2 R = \left(\frac{U_s}{R + R_0} \right)^2 R = \frac{U_s^2 R}{(R + R_0)^2}$$

$$= \frac{U_s^2 R}{R^2 - 2RR_0 + 2RR_0 + 2RR_0 + R_0^2}$$

$$= \frac{U_s^2 R}{(R - R_0)^2 + 4RR_0} = \frac{U_s^2}{\dfrac{(R - R_0)^2}{R} + 4R_0} \quad (2-26)$$

式中,U_s 和 R_0 都可以近似看成是常量,则只有在分母为最小值时,负载获得的功率 P 才是最大值,也就是只有当 $R = R_0$ 时,P 才能达到最大值。所以负载获得最大功率的条件是:负载电阻等于电源内阻,即

$$R = R_0 \quad (2-27)$$

根据式(2-26),在 $R = R_0$ 时,负载获得的最大功率为

$$P_{max} = \frac{U_s^2}{4R_0} \quad (2-28)$$

当负载电阻最大时,由于 $R = R_0$,因而内阻上消耗的功率和负载消耗的功率相等,这时有效利用的能量即效率只有 50%,显然是不高的。在电子技术中,其主要功能是处理和传输信号,故希望使负载获得最大功率,而效率高低已属于次要位置,因而电路总是尽可能工作在负载电阻和电源内阻相等,这种工作状态一般称为“匹配”。在电力系统中恰恰相反,

其主要考虑输电效率,希望尽可能减少电源内部损失以节省电力,故必须使 $R_0 \ll R$。

【例 2-2】如图 2-23 所示电路,求电路中负载电阻 R_L 为何值时,它可获得最大功率,其最大功率是多少?

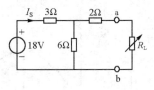

图 2-23　例 2-2 图

解：先求出 a、b 端口左边电路的戴维南等效电路的开路电压 U_{0C} 和等效内阻 R_0

$$U_{0C} = 18 \times \frac{6}{3+6} = 12\text{V}$$

$$R_0 = 2 + \frac{3 \times 6}{3+6} = 4\Omega$$

由负载获得最大功率的条件可知,当 $R_L = R_0 = 4\Omega$ 时,R_L 获得最大功率,此最大功率为

$$P_{\max} = \frac{U_{0C}^2}{4R_0} = \frac{12^2}{4 \times 4} = 9\text{W}$$

第三章　交流电路分析与测试

第一节　正弦交流电的基本概念

一、正弦交流电的基本概念

现代发电厂发出的电能都是交流电,照明、动力、电热等方面的绝大多数设备也都取用交流电。一些需要直流电的工业,例如电镀、电解等,也都是把交流电转换成直流电。交流电之所以有极广泛的应用,这是因为交流电相比于直流电具有许多优点,首先,正弦交流电易于产生、转换和传输。交流发电机的结构相比直流发电机简单,造价低,运行可靠。利用变压器把某一数值的交流电压变换成另一数值的交流电压,这样就解决了高压输电和低压配电之间的矛盾。采用高压输电可以实现远距离传输电能,而且极为经济;采用低压配电保证了用电安全。其次,利用电子整流设备可以方便地将交流电转换成直流电。

(一) 正弦交流电的基本概念

在直流电路中讨论的电压和电流,其大小和方向都是不随时间变化的。但在交流电路中,电压和电流的大小和方向都将随着时间的变化而变化。图3-1所示为直流电和几种周期性交流电的波形。

由图3-1可见,交流电的大小和方向的变化都是有一定的规律,而且每隔一定时间将重复出现,称这种交替变化的交流电为周期性交流电。工程上使用的交流电,其波形是按正弦函数的规律变化的,故称为正弦交流电,如图3-1b所示。

(二) 正弦交流电的三要素

正弦交流电实际上可以看作一个关于时间 t(或 ωt)的数学函数式,用小写字母 i、u 和 e 来表示正弦交流电某一时刻的大小,称为瞬时值。例如,正弦交流电流瞬时值表达式为

$$i = I_m \sin(\omega t + \varphi_i) \tag{3-1}$$

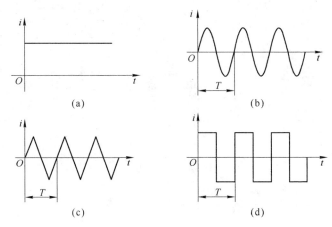

图 3 - 1   直流电和几种周期性交流电波形

（a）直流电；（b）正弦交流电；（c）锯齿波交流电；（d）矩形波交流电

与该正弦电流相对应的波形如图 3 - 2 所示。

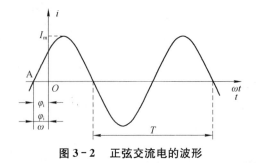

图 3 - 2   正弦交流电的波形

在式(3 - 1)中，I_m、ω、φ_i分别为表征正弦交流电变化规律的基本物理量，称正弦交流电的三要素。

1. 最大值

正弦交流电的最大值，也称为幅值或峰值，它表示正弦交流电变化过程中所能达到的最大幅值。在图 3 - 2 所示波形图中，曲线的最高点对应的纵轴值，即表示最大值，用大写字母加小写下标表示，如 I_m、U_m。由于正弦交流电波形的正、负半周对称，所以正半周的最大值与负半周最大值相等。

2. 周期、频率和角频率

（1）周期。从图 3 - 2 波形可以看到，正弦电流 i 从零开始逐渐增大至最大值，然后逐渐减小到零，而后又反向增大到最大值，再回到零，完成了一次变化,以后按同样的规律循环下去。正弦交流电的周期就是指正弦交流电完成一次变化所需要的时间,用字母 T 来表示,单位是秒(s),较小的单位是毫秒(ms)、微秒(μs),它们之间的关系为

$$1s = 10^3 \, ms = 10^6 \, \mu s$$

周期的大小反映了交流电变化的快慢,周期越小,说明交流电变化一周的时间越短,则交流电的变化越快。

(2) 频率。交流电的变化快慢除了用周期衡量外,还经常用频率来表示交流电变化的快慢。频率是指 1s 内交流电重复变化的次数,用字母 f 表示,单位是赫兹,简称赫(Hz)。根据周期和频率的定义可知,周期和频率互为倒数,即

$$f = \frac{1}{T} \quad 或 \quad T = \frac{1}{f} \qquad (3-2)$$

如果某交流电在 1s 内变化了一次,该交流电的频率就是 1Hz。比赫兹大的单位是千赫(kHz)和兆赫(MHz),它们之间的关系为

$$1MHz = 10^3 \, kHz = 10^6 \, Hz$$

(3) 角频率。式(3-1)中的 ω 称为角频率或角速度,表示了正弦交流电对应的角度随时间变化的速度,常用弧度来表示,ω 的单位是弧度/秒(rad/s)。如果正弦交流电在一个周期 T 内,变化的角度为 2π(弧度),则角频率为

$$\omega = \frac{2\pi}{T} = 2\pi f \qquad (3-3)$$

我国电力工业采用的是频率为 50Hz(习惯上称为工频)的交流电,则其周期为 0.02s,角频率为 314rad/s。

3. 相位、初相角和相位差

(1) 相位和初相角。式(3-1)中的电角($\omega t + \varphi_i$)称为正弦交流电的相位角,简称相位。它反映了正弦量在交变过程中某一瞬间的状态(大小、方向、增大或减小)。相位($\omega t + \varphi_i$)是随时间变化的角度,在 $t = 0$ 时刻,正弦量的相位($\omega t + \varphi_i$)$|_{t=0} = \varphi_i$,称为初相角,简称初相。初相角 φ_i 一般用弧度表示,也可用角度表示,且初相角用绝对值应小于 π(或 $180°$)的角度来表示。

初相角 φ 的大小和正负与所选择的计时起点 $t = 0$(时间坐标的原点)有关。通常规定,正弦波由负变正经过零值的那一点为正弦波的起点,由正弦波的起点到计时起点之间对应的电角度就是初相角,如图 3-2 所

示。当波形起点在原点的左侧时 $\varphi>0$，为正值；当波形起点在原点的右侧时 $\varphi<0$，为负值。通常把初相角 $\varphi=0$ 的正弦量称为参考正弦量。

（2）相位差。在正弦交流电路中，电流与电压都是同频率的正弦量，但是它们的相位并不一定都相同。例如，已知两个同频率的正弦交流电分别为

$$u=20\sin(314t+60°)\text{V}$$

$$i=10\sin(314t-75°)\text{A}$$

它们之间的相位差为

$$(314t+60°)-(314t-75°)=60°-(-75°)=135°$$

可见，两个同频率交流电的相位之差就等于它们的初相之差，若用 φ 表示相位差，则其一般表达式可写为

$$\varphi=(\omega t+\varphi_1)-(\omega t-\varphi_2)=\varphi_1-\varphi_2 \qquad (3-4)$$

相位差反映了同频率正弦量变化的步调，根据相位差的正、负，可以比较两个正弦量的变化，即超前、滞后、同相、反相、正交的关系。例如：

在图 3-3a 中，当 $\varphi=\varphi_1-\varphi_2>0$，即 i_1 的初相大于 i_2 的初相时，i_1 的变化比 i_2 领先，称为 i_1 的相位超前 i_2，或 i_2 的相位滞后 i_1。

在图 3-3b 中，当 $\varphi=\varphi_1-\varphi_2=0$ 时，i_1 与 i_2 同时达到最大值，或同时过零点，则称 i_1 与 i_2 同相。

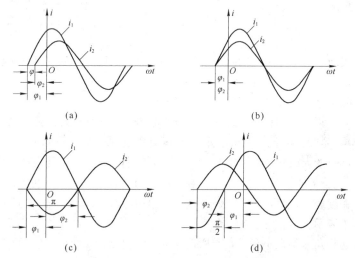

图 3-3　同频率正弦交流电的相位差

(a) i_1 超前 i_2；(b) i_1 与 i_2 同相；(c) i_1 与 i_2 反相；(d) i_1 与 i_2 正交

在图 3 - 3c 中，当 $\varphi = \varphi_1 - \varphi_2 = \pm\pi$ 时，i_1 的变化与 i_2 的变化正好相反，称 i_1 与 i_2 反相。

在图 3 - 3d 中，当 $\varphi = \varphi_1 - \varphi_2 = \pm\dfrac{\pi}{2}$ 时，i_1 的变化与 i_2 的变化相差 $\dfrac{\pi}{2}$，称 i_1 与 i_2 正交。

综合以上分析可知，一个正弦交流电，其变化的幅度可用最大值来表示，其变化的快慢可用频率来表示，其变化的起点可用初相来表示。也就是说，若能求出正弦交流电的频率、最大值、初相，就可以完全确定该正弦交流电。因此，最大值、频率、初相是确定一个交流电变化情况的三个要素。

（三）正弦交流电的有效值

对于大小和方向都随时间变化的交流电，需要有一个数值能等效地反映交流电做功的能力，为此，在工程上引入了有效值这一概念。经过分析研究，人们认为用交流电与直流电发热的效果来规定交流电的有效值比较合适。因此，有效值定义为：用某一直流电和一交流电对相同的负载供电，若在相同的时间内，它们产生的热量也相同，则此直流电的数值就定义为该交流电的有效值。有效值用大写字母表示，如 I、U。

通过数学推导，可以得到正弦交流电有效值与最大值之间的关系为

$$\left.\begin{array}{l} I = \dfrac{\sqrt{2}}{2}I_m = 0.707I_m \\[2mm] U = \dfrac{\sqrt{2}}{2}U_m = 0.707U_m \end{array}\right\} \qquad (3 - 5)$$

有效值和最大值是从不同角度来反映电流强弱和电压高低的物理量。在交流电路中，通常都是用有效值进行计算。电机、电器等设备的额定电流、额定电压也都是用有效值来表示的。交流电压表和交流电流表的读数也是指有效值。

但在选择电器设备的耐压时，则必须考虑最大值。例如，直流耐压为 160V 的纸介电容器，若将其用于电压有效值为 160V 的交流电路中，则该电容所承受电压最大值达到 $U_m = \sqrt{2} \times 160$，大于其耐压值，而导致电容击穿。

（四）正弦交流电的表示方法

为了便于研究交流电，通常可以采用四种形式来表示一个正弦交流电。

1. 解析式表示法

解析式表示法是用正弦函数来表示交流电瞬时值,也称为瞬时值表达式。例如,正弦交流电流的解析式为

$$i = I_m \sin(\omega t + \varphi_i) = \sqrt{2} I \sin(\omega t + \varphi_i)$$

正弦交流电压的解析式为

$$u = U_m \sin(\omega t + \varphi_u) = \sqrt{2} U \sin(\omega t + \varphi_u)$$

式中,小写字母 i、u 分别表示交流电流和电压在某一时刻的大小,即交流电的瞬时值。

同一正弦量,所选参考方向不同,瞬时值异号,解析表达式也异号,而

$$-U_m \sin(\omega t + \varphi_u) = U_m \sin(\omega t + \varphi_u \pm \pi)$$

所以,改变一个正弦量的方向的结果是把它的初相角加上或减去 π(或 $180°$),而最大值和角频率则与参考方向的选择无关。

2. 波形图表示法

波形图表示法是用与正弦交流电的解析式相对应的正弦曲线来表示该正弦量。如图 3-2 所示,用波形图来表示正弦交流电时,其横坐标可以用时间 t 来表示,也可以用角度 ωt 来表示。

3. 旋转矢量表示法

旋转矢量表示法是用一个在直角坐标中绕原点不断旋转的矢量,来表示正弦交流电。旋转矢量常用加一横线的最大值符号表示,如 $\bar{U}_m$、

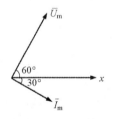

图 3-4 矢量图

$\bar{I}_m$。如图 3-4 所示为用旋转矢量 $\bar{U}_m$、$\bar{I}_m$ 来表示交流电的方法。通常在直角坐标中,只画出旋转矢量的起始位置,其中旋转矢量的长度代表交流电压的最大值,矢量与 x 轴的夹角代表正弦电压的初相位。

需注意,用旋转矢量表示正弦交流电时,只有同频率的交流电才可以画在同一张矢量图上。由于这些矢量的角频率相同,所以不论它们旋转到什么位置时,彼此之间的相位关系始终保持不变。

采用矢量来表示正弦交流电的优点是,可以利用平行四边形法则方便地求出两个同频率正弦交流电的和与差。

4. 相量表示法

相量表示法就是用复数表示正弦交流电的方法。在数学中复数的表示形式有:

（1）代数形式。$A = a + jb$，其中，a 称为复数的实部，b 称为复数的虚部，$j = \sqrt{-1}$ 称为虚数单位。

（2）指数形式。$A = |A| e^{j\varphi}$，其中，$|A|$ 称为复数的模，φ 称为复数的幅角。

（3）极坐标形式。$A = |A| \angle \varphi$。

它们之间的相互转换关系为

$$\left.\begin{array}{l} |A| = \sqrt{a^2 + b^2} \\ \varphi = \arctan \dfrac{b}{a} \\ |a| = |A| \cos\varphi \\ |b| = |A| \sin\varphi \end{array}\right\} \tag{3-6}$$

对于同频率的正弦电压和电流，因为频率不需要参加计算，因而，只要用有效值和初相角两个要素，就能完整地将一个正弦量表示出来。而复数也具有两个量，如指数形式中的模和幅角。数学分析可以证明，正弦交流电和复数之间存在着对应关系。利用这一对应关系，就可以用指数形式中的模表示正弦交流电的有效值，用复数的幅角表示正弦交流电的初相。例如，交流电流瞬时值 $u = \sqrt{2} I \sin(\omega t + \varphi)$，用复数表示为 $\dot{U} = I \angle \varphi$。

这种与正弦交流电压、电流相对应的复数形式称为相量，用符号 $\dot{U}$、$\dot{I}$ 表示。

用相量表示正弦交流电，也可以在复平面上画出相量图。必须注意，只有同频率的正弦量才能画在同一相量图上。

用相量表示正弦交流电后，就可以将同频率正弦量之间的计算转化为复数间的加、减、乘、除运算，从而使交流电路的计算工作大大简化。

二、用示波器测量交流电的最大值和频率

示波器是一种用途十分广泛的电子测量仪器，它可以直接观察电信号的波形，测量电压的幅度、周期（频率）等参数。双踪示波器还可以测量两个信号之间的相位差，一些性能较好的示波器甚至可以将输入的信号存储起来以备分析和比较。

（一）示波器的组成

示波器的型号和规格很多，但都是由以下几个基本部分组成：示波管（又称阴极射线管，简称 CRT）、垂直放大电路（Y 放大）、水平放大电路（X

放大)、扫描信号发生电路(锯齿波电压发生器)、自检标准信号发生电路、触发同步电路、电源,如图3-5所示。

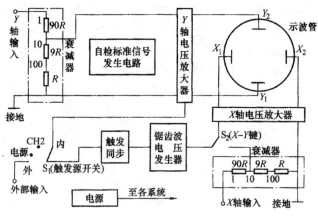

图3-5 示波器的基本组成

(二)示波器面板及功能介绍

虽然示波器的型号、品种繁多,面板也各不相同,但其基本组成和功能却大同小异,下面介绍模拟示波器的基本控制、调节按键及旋钮。

1) 亮度和聚焦旋钮

(1) 亮度(或辉度)调节旋钮用于调节光迹的亮度,调节时应使亮度适当,若过亮容易损坏示波管。

(2) 聚焦调节旋钮用于调节光迹的聚焦即粗细程度,调节时以图形清晰为佳。

2) 信号输入通道   常用的示波器多为双踪示波器,有两个输入通道,分别为通道1(CH1)和通道2(CH2),可分别接上示波器探头,同时输入两个信号。

3) 通道选择键

(1) CH1(X轴输入端)。通道1信号单独显示。

(2) CH2(Y轴输入端)。通道2信号单独显示。

(3) ALT。两个通道信号交替显示。

(4) CHOP。两个通道信号断续显示,主要用于扫描速度较慢时双踪显示。

(5) ADDA。两个通道的信号叠加。

4) 垂直移动调节旋钮(POSITION)   该旋钮用于调节被测信号光

迹在屏幕垂直方向的位置。

5）垂直灵敏度调节旋钮（VOLT/DIV）　该旋钮用于调节 Y 轴偏转灵敏度,其刻度为 5mV/div～5V/div 共分 10 个挡位。使用时,应根据输入信号的幅度调节旋钮的位置。若将旋钮调节在 5mV/div 挡上,则表示垂直方向每格的幅度为 5mV,将此数值乘以被测信号在屏幕垂直方向所占的格数,即得出该被测信号的幅度。

6）水平位置调节旋钮（POSITION）　该旋钮用于调节被测信号光迹在屏幕水平方向的位置。

7）水平扫描调节旋钮（TIME/DIV）　该旋钮用于调节水平速度,其刻度为 0.2μs/div～0.5s/div。使用时,应根据输入信号的频率调节旋钮的位置。若将旋钮调节在 0.5ms/div,则表示水平方向每格时间为 0.5ms,将此数值乘以被测信号在屏幕水平方向所占的格数,即得出该被测信号的周期,也可以换算成频率。

8）触发方式选择按键

（1）常态（NORM）。无信号时,屏幕上无显示;有信号时,与电平控制配合显示稳定的波形。

（2）自动（AUTO）。无信号时,屏幕上显示光迹;有信号时,与电平控制配合显示稳定的波形。

（3）电视场（TV）。用于显示电视场信号。

（4）峰值自动（P - P AUTO）。无信号时,屏幕上显示光迹;有信号时,无需调节电平即能获得稳定的波形显示。

（三）示波器的基本操作

1．测量交流电压

（1）打开示波器电源,电源指示灯亮,约 20s 后屏幕出现光迹。调节亮度和聚焦旋钮,使光迹清晰度较好。

（2）将"AC - GND - DC"置于 AC（测交流）,并将"触发方式选择按键"置于 AUTO。

（3）将待测信号输入到示波器通道 1 或通道 2 输入端,调节"水平扫描调节旋钮"使图形稳定。

（4）调节与输入通道相对应的"垂直灵敏度调节旋钮",使被测信号的波形适中,并将垂直微调和水平微调置于校准位置。

读出波形的峰峰值 H,即屏幕上垂直方向的方格数,单位为 div,纵轴上每一小横线表示 0.2div,如图 3 - 6 所示。将该波形所占的格数乘以

"垂直灵敏度调节旋钮"所在的挡,便可计算出电压的峰峰值U_{PP},即

$$U_{PP} = H(\text{div}) \times V(\text{div}) \tag{3-7}$$

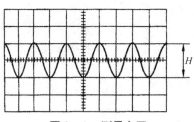

图3-6 测量电压

2. 测量频率

(1) 将待测信号输入到示波器通道1或通道2输入端。

(2) 调节"水平扫描调节旋钮"使波形稳定,通过调节"水平扫描调节旋钮"使被测信号相邻两个波峰的水平距离尽量拉大,但是不能超出显示屏幕。读出被测波形上所需测量P、Q两点之间的距离L,即屏幕水平方向的方格数,单位为div,横轴上每一小横线表示0.2div,如图3-7所示,将该波形所占的格数乘以"水平扫描调节旋钮"所在的挡,则得到被测得信号周期为

$$T = L(\text{div}) \times t/\text{div} \tag{3-8}$$

由此得到被测信号的频率为

$$f = \frac{1}{T} \tag{3-9}$$

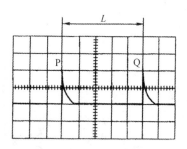

图3-7 测量频率

(四) 示波器使用的注意事项

(1) 示波器的工作环境为0～400℃,相对湿度范围为20%～90%。

(2) 示波器使用电源为220V±5%的交流电源。

（3）示波器通电后需预热几分钟再调节各旋钮。使用示波器时，光点亮度不能太强，且亮点不可长时间停在荧光屏的一个位置上，以避免灼伤荧光屏。

（4）示波器使用过程中，如果短时间暂不使用，可将"亮度"旋钮调到最小，不必切断电源。注意不要经常通断示波器电源，以免缩短示波管的使用寿命。

（5）示波器上所有开关和旋钮都有一定强度和调节角度，使用时应缓慢旋转，不能用力过猛或随意旋转。

（6）示波器工作时，周围不要放一些大功率的变压器，否则测出的波形会有重影和噪波干扰。

（7）若熔丝过载熔断，应仔细检查原因，排除故障，然后按规定换用熔丝。

第二节　单相正弦交流电路分析

一、纯电阻电路

交流电路中只含有电阻元件的电路，称为纯电阻电路。在实际应用中，由白炽灯、电烙铁、电阻炉和电阻器组成的交流电路，都可近似看成纯电阻电路，如图 3 - 8a 所示。

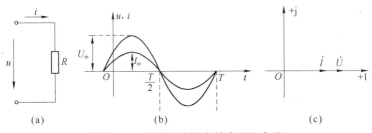

图 3 - 8　纯电阻电路中的电压和电流

(a) 电路图；(b) 波形图；(c) 相量图

1. 纯电阻电路电压和电流的关系

在图 3 - 8 电路中，设加在电阻 R 两端的正弦电压的初相为零，即

$$u = \sqrt{2}U\sin\omega t$$

根据欧姆定律，可得到通过电阻 R 电流的瞬时值为

$$i = \frac{u}{R} = \frac{\sqrt{2}U}{R}\sin\omega t \qquad (3-10)$$

由式(3-10)可以看出,在正弦电压作用下,电阻中通过的电流也是一个同频率的正弦电流,其初相角与电阻两端的电压相同。纯电阻电路电压与电流的波形如图3-8b所示。同时,由式(3-10)还可得出电阻电路电流的最大值为

$$I_m = \frac{\sqrt{2}U}{R}$$

若将等式两边同除以$\sqrt{2}$,则得到电流的有效值为

$$I = \frac{U}{R}$$

这说明在纯电阻电路中,电压与电流的瞬时值、最大值和有效值之间都符合欧姆定律。

为了便于分析和计算,采用相量来表示电路中电压与电流的伏安关系。设电阻R两端电压相量为$\dot{U}=U\angle 0°$,根据欧姆定律,则得到通过电阻R的电流相量为

$$\dot{I} = \frac{\dot{U}}{R} = \frac{U\angle 0°}{R} = I\angle 0° \qquad (3-11)$$

式(3-11)表明,通过电阻电流的有效值I等于端电压的有效值U除以电阻R,且电流与电压的相位相同。$\dot{U}$和电流$\dot{I}$的相量图如图3-8c所示。

2. 纯电阻电路的功率

由于电阻元件的端电压和电流都是随时间变化的,因此电阻元件的功率也是随时间变化的。在任一瞬间,电阻中电流的瞬时值与同一瞬间电阻两端电压的瞬时值的乘积,称为电阻获取的瞬时功率,用小写字母p表示,即

$$p = ui = \sqrt{2}U\sin\omega t \cdot \sqrt{2}I\sin\omega t = UI(1-\cos 2\omega t)$$

瞬时功率的波形如图3-9所示,它是以2倍于电压(电流)频率变化的,由于电阻电路电流与电压同相,所以p在任一瞬间的数值都是正值。这说明,在任一瞬间电阻都是从电源取用(吸收)功率的,所以电阻元件是一个耗能元件。

由于瞬时功率时刻都在变动,不便计算,因而通常采用计算一个周期

内取用功率的平均值,称为平均功率,也称有功功率,用大写字母 P 表示。当电压、电流都用有效值表示时,其有功功率的计算式与直流电路相同,即

$$P = UI = I^2 R = \frac{U^2}{R} \qquad (3-12)$$

二、纯电感电路

交流电路中只含有电感元件的电路,称为纯电感电路。在实际应用中,由电阻很小的电感线圈组成的交流电路,可近似看成纯电感电路,如图 3-10a 所示。

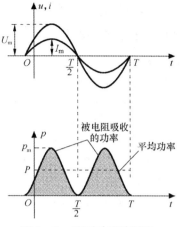

图 3-9 瞬时功率波形图

1. 纯电感电路电压与电流的关系

在图 3-10a 所示电路中,当电感元件两端加上交流电压 u_L,线圈中必定产生一交流电流 i。由于这一变化的电流将在线圈中产生自感电势 e_L 来反抗电流的改变,因此,电感元件中的电流变化就要落后于线圈两端的电压变化,即 u_L 和 i 之间存在有相位差。

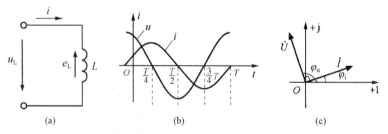

图 3-10 纯电感电路中的电压和电流
(a) 电路图;(b) 波形图;(c) 相量图

从前面知识的学习可以知道,当电源的内阻很小时,其电动势与端电压总是大小相等、方向相反,因而有

$$u_L = -e_L = -\left(-L\frac{\mathrm{d}i}{\mathrm{d}t}\right) = L\frac{\mathrm{d}i}{\mathrm{d}t} \qquad (3-13)$$

式中,L 为线圈的电感,若线圈周围没有铁磁材料(空心线圈),电感 L 为一常量。

式(3-13)为电感元件上电压与电流的伏安关系。它表明,电感元件

任一时刻的电压大小不是决定于该时刻电感元件中的电流值,而是决定于此时电流的变化率$\dfrac{\mathrm{d}i}{\mathrm{d}t}$。当线圈电感量 L 一定时,电流变化越快,端电压越大;电流变化越慢,端电压越小;当电流恒定不变时,则电感元件中没有感应电动势,端电压为零。

电感元件端电压 u_L 和电流 i 的波形如图 3-10b 所示。从波形图上看出,当电感元件中电流波形起点过零时,电感电压波形达最大;当电流波形为最大时,电压波形为零。由此可见,电感元件端电压的变化比电流超前 90°,或者说电感元件中电流的变化总是滞后电压 90°,这就是纯电感电路电压和电流的相位关系。设流过电感的正弦电流的初相为 φ_i,则电流、电压的瞬时表达式为

$$\left.\begin{aligned} i &= \sqrt{2}I\sin(\omega t + \varphi_i) \\ u &= \sqrt{2}U\sin(\omega t + \varphi_i + 90°) \end{aligned}\right\} \tag{3-14}$$

由数学推导可知,电感元件端电压的最大值为

$$U_{Lm} = \omega L I_m$$

若将等式两边同除以 $\sqrt{2}$,则得到有效值为

$$U_L = \omega L I = X_L I \quad \text{或} \quad I = \dfrac{U_L}{X_L} \tag{3-15}$$

式中,X_L 称为感抗,即

$$X_L = \omega L = 2\pi f L \tag{3-16}$$

感抗 X_L 是用来表示电感元件对交流电流阻碍作用的一个物理量。它的大小可用式(3-16)计算,单位是 Ω。由式(3-16)可知,感抗的大小与线圈的电感量 L 和流过它的电流的频率 f 成正比。对具有某一电感量 L 的线圈而言,f 越高,则 X_L 越大。在相同电压作用下,电感元件中的电流就会减小。在直流电路中,因频率 $f=0$,故电感元件的感抗也等于零,当忽略线圈的电阻(由于线圈电阻很小)时,电感元件可视为短路。所以,电感元件具有"阻交流通直流"或"阻高频通低频"的特性。

式(3-15)表明,在纯电感电路中,电流的有效值就等于它两端电压的有效值除以它的感抗。由此可见,电压与电流的最大值、有效值之间符合欧姆定律。

为了便于分析计算,采用相量来表示电感元件的电压和电流的伏安关系。设电感元件中电流的相量为 $\dot{I} = I\angle\varphi_i$,根据欧姆定律可以得到电感元件两端电压相量为

$$\dot{U}_L = X_L I \underline{/\varphi_i + 90°} = jX_L \dot{I} \qquad (3-17)$$

或

$$\dot{I} = -j\frac{\dot{U}_L}{X_L}$$

式(3-17)表明,电感元件两端电压的有效值等于电流的有效值乘以感抗 X_L,且电感端电压的相位超前电流 90°,或者说电感电流的相位滞后端电压 90°。式中,符号"j"表示电压 $\dot{U}$ 的相位超前电流 $\dot{I}$ 90°;而"$-$j"则表示电流 $\dot{I}$ 的相位滞后电压 $\dot{U}$ 90°。

在式(3-17)中,当电压和电流采用相量表示后,感抗的复数形式则表示为 jX_L 或 $j\omega L$。图 3-10c 画出了纯电感电路电压 $\dot{U}_L$ 和电流 $\dot{I}$ 的相量图。

2. 纯电感电路的功率

纯电感电路的瞬时功率为

$$p_L = u_L i = \sqrt{2}U_L\sin(\omega t + \varphi_i + 90°) \cdot \sqrt{2}I\sin(\omega t + \varphi_i)$$
$$= 2U_L I\sin(\omega t + \varphi_i)\cos(\omega t + \varphi_i)$$

根据三角函数的倍角公式 $\sin 2X = 2\sin X\cos X$ 得到

$$p_L = U_L I\sin(2\omega t + 2\varphi_i)$$

瞬时功率 p_L 的波形如图 3-11 所示,p_L 是以 2 倍于电流(电压)的频率按正弦规律变化的。从图中可以看出,在第一个和第三个 $\frac{1}{4}$ 周期内,p_L 为正值,这就表示电感要从电源吸取电能并把它转化为电磁能存储在线圈周围的磁场中;在第二个和第四个 $\frac{1}{4}$ 周期内,p_L 为负值,这表示电感向电源输送能量,即线圈把存储的磁场能量再转化为电能送回电源。综上所述,电感元件时而"吞进"功率,时而"吐出"功率,在一个周期内的平均功率(即有功功率)为零,因而电感元件不消耗能量,它是一个储能元件。为了反映电感元件能量交换的规模,用瞬时功率的最大值来表示,并称之为无功功率,用字母 Q_L 表示,Q_L 的大小为

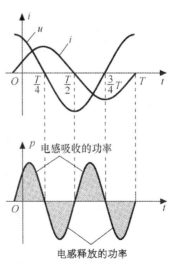

图 3-11　电感元件的
瞬时功率波形

$$Q_L = U_L I = I^2 X_L = \frac{U_L^2}{X_L} \qquad (3-18)$$

无功功率单位为乏(var),工程上常用的单位还有千乏(kvar),它们之间的关系为

$$1\text{kvar} = 10^3 \text{var}$$

这里必须指出,"无功"的含义是指功率的交换,而不是消耗,它是相对"有功"而言的,绝不能理解为"无用"。

三、纯电容电路

交流电路中只含有电容元件的电路,称为纯电容电路。在实际应用中,由介质损耗很小、绝缘电阻很大的电容器组成的交流电路,可近似看成纯电容电路,如图 3-12a 所示。

1. 纯电容电路电压与电流的关系

从前面的知识学习可以知道,电容器的特点是能在两块金属板上储集等量而异性的电荷,且任何时刻极板上的电荷 q 与电压 u_C 有以下关系

$$q = Cu_C \qquad (3-19)$$

在图 3-12a 所示电路中,当作用于电容器的电压 u_C 变化时,电容器极板上的电荷 q 也随之变化,电路中就会有电流 i 流过,若取电压与电流为关联参考方向时,则由电流的定义式得到

$$i = \frac{\mathrm{d}q}{\mathrm{d}t}$$

将 $q = Cu_C$ 代入到上式中,则得到

$$i = \frac{\mathrm{d}q}{\mathrm{d}t} = C \frac{\mathrm{d}u_C}{\mathrm{d}t} \qquad (3-20)$$

式(3-20)为电容元件上电压与电流的伏安关系。它表明,电容元件

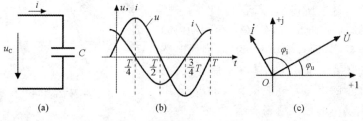

图 3-12 纯电容电路中的电压和电流

(a) 电路图；(b) 波形图；(c) 相量图

任一时刻的电流大小不是决定于该时刻电容元件中的电压值,而是决定于此时电压的变化率 $\frac{\mathrm{d}u}{\mathrm{d}t}$。当电容器电容量 C 一定时,电压变化越快,电流越大;电压变化越慢,电流越小;当电压恒定不变时,则电容元件中电流等于零,电容元件相当于开路,所以电容元件具有隔断直流的作用。

电容元件端电压 u_C 和电流 i 的波形如图 3 - 12b 所示。从波形图上看出,当电容元件中电压波形起点过零时,电容电流波形达最大值;当电压波形为最大值时,电流波形则为零。由此可见,纯电容电路中电流的变化超前电压90°,或者说电压的变化总是滞后电流90°,这就是纯电容电路电压和电流的相位关系,它与纯电感电路的情况正好相反。设加在电容元件两端的正弦电压初相为 φ_u,则电压、电流的瞬时表达式为

$$u_C=\sqrt{2}U\sin(\omega t+\varphi_u) \left.\begin{array}{c} \\ \\ \end{array}\right\}$$
$$i=\sqrt{2}I\sin(\omega t+\varphi_u+90°) \qquad (3-21)$$

由数学推导可知,电容元件电流的最大值为
$$I_m=\omega C U_{Cm}$$

有效值为
$$I=\frac{U_C}{X_C}=\frac{U_C}{\frac{1}{\omega C}}=\omega C U_C \qquad (3-22)$$

式中,X_C称为容抗,即
$$X_C=\frac{1}{\omega C}=\frac{1}{2\pi fC} \qquad (3-23)$$

容抗 X_C 是用来表示电容元件对电流阻碍作用大小的一个物理量。它的大小可用式(3-23)计算,单位是 Ω。由式(3-23)可知,容抗的大小与电源的频率 f 和电容量 C 成反比。当电容量一定时,f 越高,则 X_C 越小。在直流电路中,因频率 $f=0$,故电容元件的容抗等于无穷大,这表明,电容元件接入直流电路时处于开路状态。则电容元件具有"隔直通交"的特性。

式(3-22)表明,在纯电容电路中,电流的有效值就等于它两端电压的有效值除以它的容抗。这说明,在纯电容电路中,电压与电流的最大值、有效值之间符合欧姆定律。

同样,为了便于分析计算,采用相量来表示电容元件的电压和电流的伏安关系。设加在电容元件两端电压相量为 $\dot{U}_C=U_C\angle 0°$,根据欧姆定

律可以得到电容元件中电流相量为

$$\dot{I} = \frac{U}{X_C} \underline{/0° + 90°} = j\frac{\dot{U}_C}{X_C} = j\omega\dot{C}U_C \qquad (3-24)$$

或

$$\dot{U}_C = -jX_C\dot{I} = -j\frac{1}{\omega C}\dot{I}$$

式(3-24)表明,电容元件中电流的有效值等于其端电压的有效值除以容抗 X_C,而电容电流的相位则超前端电压 90°,或者说端电压的相位滞后电流 90°。式中,符号"j"表示电流 $\dot{I}$ 的相位超前电压 $\dot{U}_C$ 90°;"$-j$"表示电压 $\dot{U}_C$ 的相位滞后电流 $\dot{I}$ 90°。

在式(3-24)中,当电压和电流采用相量形式后,容抗的复数形式则表示为 $-jX_C$ 或 $-j\frac{1}{\omega C}$。图 3-12c 画出了纯电容电路电压 $\dot{U}_C$ 和电流 $\dot{I}$ 的相量图。

2. 纯电容电路的功率

纯电容电路的瞬时功率为

$$\begin{aligned}
p_C = u_C i &= \sqrt{2}U_C\sin(\omega t + \varphi_u) \cdot \sqrt{2}I\sin(\omega t + \varphi_u + 90°) \\
&= 2U_C I\sin(\omega t + \varphi_u)\cos(\omega t + \varphi_u) \\
&= U_C I\sin(2\omega t + 2\varphi_u)
\end{aligned}$$

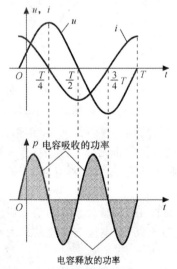

图 3-13　电容元件的
瞬时功率波形

瞬时功率 p_C 的波形如图 3-13 所示,p_C 是以 2 倍于电压(电流)的频率按正弦规律变化的。从图中可以看出,在第一个和第三个 $\frac{1}{4}$ 周期内,p_C 为正值,此时电容被充电,从电源吸取能量,并把它存储在电容器的电场中;在第二个和第四个 $\frac{1}{4}$ 周期内,p_C 为负值,此时电容放电,它把存储的电场能量又送回电源。所以,在纯电容电路中,电容元件也是时而"吞进"功率,时而"吐出"功率,在一个周期内的平均功率(有功功率)为零,因而电容元件不消耗有功功率,它是一个储能元件。与纯电感电路相类似,为了反映电容元件能量交换的规模,用瞬时

功率的最大值来表示,并称之为无功功率,用字母 Q_C 表示,Q_C 的大小为

$$Q_C = U_C I = I^2 X_C = \frac{U_C^2}{X_C} \qquad (3-25)$$

无功功率单位也是乏(var)和千乏(kvar)。

为了便于比较,现将纯电阻电路、纯电感电路和纯电容电路电压和电流的关系归纳于表 3-1。

表 3-1　纯电阻电路、纯电感电路和纯电容电路电压和电流的关系

元件	电压与电流的关系			阻　　抗	相　量　图
	瞬时值	有效值	相量形式		
电阻	$i = \dfrac{u}{R}$	$I = \dfrac{U}{R}$	$\dot{U} = \dot{I} R$	电阻 R	
电感	$u_L = L\dfrac{\mathrm{d}i}{\mathrm{d}t}$	$I = \dfrac{U_L}{X_L} = \dfrac{U_L}{\omega L}$	$\dot{U}_L = \mathrm{j}X_L \dot{I}$ $\mathrm{j}X_L = \mathrm{j}\omega L$	感抗 $X_L = \omega L = 2\pi f L$	
电容	$i = C\dfrac{\mathrm{d}u_C}{\mathrm{d}t}$	$I = \dfrac{U_C}{X_C} = \omega C U_C$	$\dot{U} = -\mathrm{j}X_C \dot{I}$ $-\mathrm{j}X_C = -\mathrm{j}\dfrac{1}{\omega C}$	容抗 $X_C = \dfrac{1}{\omega C} = \dfrac{1}{2\pi f C}$	

第四章　半导体二极管及其应用电路

半导体二极管是各种半导体器件及其应用电路的基础,本章首先介绍二极管的伏安特性和主要参数,以及稳压二极管、变容二极管、光电二极管、发光二极管等特殊二极管的基本特性,然后重点讨论利用二极管的单向导电性组成的整流电路。

第一节　半导体基础知识

一、本征半导体

1. 半导体材料

所谓半导体是指导电能力介于导体和绝缘体之间的一种物质,最常用的是硅(Si)和锗(Ge)两种元素半导体。半导体材料之所以得到广泛的应用,是因为它具有不同于导体和绝缘体的两种独特性质。

(1) 当半导体受到外界光和热的激发时,其导电能力会发生显著变化(即光敏与热敏特性)。

(2) 在纯净的半导体中加入微量的杂质,其导电能力也会有显著的增加(即掺杂特性)。

2. 本征半导体

本征半导体是完全纯净的、结构完整的半导体晶体,如图 4-1a 所示。本征半导体中存在大量的价电子,当温度升高或受光照射时,价电子以热运动的形式不断地从外界获取能量,少数价电子获得足够大的能量从而挣脱共价键的束缚,成为自由电子,这种现象称为本征激发。

价电子挣脱共价键的束缚成为自由电子,同时在原来共价键的相应位置上留下一个空位,这个空位称为空穴。空穴是一种带正电荷的载流子,其电量与电子电量相等。如图 4-1b 所示,其中 A 处为空穴,B 处为自由电子。自由电子和空穴是成对出现的,因此称为电子空穴对。可见,

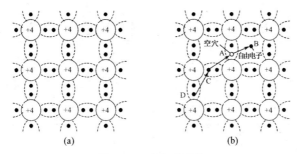

图 4 - 1　本征半导体

（a）结构示意图；（b）本征激发

在本征半导体中存在两种载流子,带负电荷的自由电子和带正电荷的空穴。但是,由于本征激发产生的电子空穴对的数目很少,载流子浓度很低,因此本征半导体的导电能力仍然很弱。

在本征激发产生电子空穴对的同时,自由电子在运动中因能量的损失有可能和空穴相遇,重新被共价键束缚起来,电子空穴对消失,这种现象称为"复合"。显然,在一定的温度下,激发和复合都在不停地进行,但最终将达到动态平衡。

二、杂质半导体

通过扩散工艺,在本征半导体中掺入微量合适的杂质,就会使半导体的导电性能发生显著改变,形成杂质半导体。根据掺入杂质的化合价不同,可分为 N 型半导体和 P 型半导体。

1. N 型半导体

在纯净的硅(或锗)晶体中掺入微量的 5 价磷元素,就形成了 N 型半导体。杂质磷原子有 5 个价电子,它以 4 个价电子与周围的硅原子形成共价键,多余的一个价电子处于共价键之外,很容易成为自由电子,而磷原子本身因失去电子变成带正电荷的离子,如图 4 - 2a 所示。

显然,在 N 型半导体中,自由电子浓度远大于空穴浓度,所以称自由电子为多数载流子(简称多子),空穴为少数载流子(简称少子)。

2. P 型半导体

在纯净的硅(或锗)晶体中掺入微量的 3 价硼元素,就形成了 P 型半导体。由于硼原子只有 3 个价电子,它与周围的硅原子形成共价键时,因缺少一个电子而产生一个空位(即空穴)。在室温下它很容易吸引邻近硅

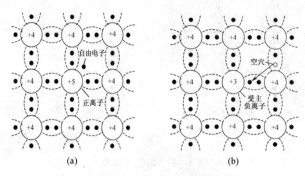

图 4-2 杂质半导体

（a）N 型半导体；（b）P 型半导体

原子的价电子来填补，于是杂质硼原子变为带负电荷的离子，而邻近硅原子的共价键中则出现了一个空穴，如图 4-2b 所示。显然，在 P 型半导体中，空穴是多子，而自由电子是少子。

三、PN 结及其单向导电性

1. PN 结

如果将 P 型半导体和 N 型半导体制作在同一块本征半导体基片上，在它们的交界面就会形成一层很薄的特殊导电层即 PN 结，如图 4-3 所示。PN 结是构成各种半导体器件的基础。它由不能移动的正负离子组成，其中几乎没有载流子，因此又称为空间电荷区或耗尽层。

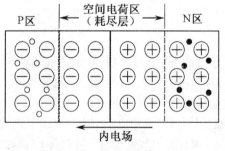

图 4-3 PN 结

2. PN 结的单向导电性

若在 PN 结两端外加电压，即给 PN 结加偏置，PN 结中将有电流流过。当外加电压极性不同时，PN 结表现出截然不同的导电性能，即呈现出单向导电性。

（1）正向导通。若 PN 结的 P 端接电源正极、N 端接电源负极，这种接法称为正向偏置，简称正偏，如图 4-4a 所示。正偏时，PN 结变窄，流过较大的正向电流（主要为多子电流），其方向由 P 区指向 N 区。此时 PN 结对外电路呈现较小的电阻，这种状态称为正向导通。

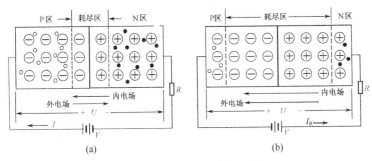

图 4-4　外加电压时的 PN 结

（a）正偏；（b）反偏

（2）反向截止。若 PN 结的 P 端接电源负极、N 端接电源正极，这种接法称为反向偏置，简称反偏，如图 4-4b 所示。反偏时，PN 结变宽，流过较小的反向电流（主要为少子电流），其方向由 N 区指向 P 区。此时 PN 结对外电路呈现较高的电阻，这种状态称为反向截止。

综上所述，PN 结正向导通、反向截止，这就是 PN 结的单向导电性。

第二节　半导体二极管

一、二极管的结构与符号

二极管的结构如图 4-5a 所示。它是以 PN 结为管芯，在 P 型区和 N

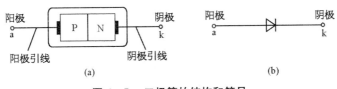

图 4-5　二极管的结构和符号

（a）结构示意图；（b）符号

型区两侧各接上电极引线,用管壳封装而成。其中 P 区的引出线称为二极管的阳极,N 区的引出线称为二极管的阴极。二极管的电路符号如图4 - 5b 所示,箭头方向表示正向电流的方向。

二、二极管的伏安特性

由于二极管的组成核心是 PN 结,因此二极管最基本的特性就是单向导电性,图 4 - 6 所示为二极管的伏安特性曲线。

1. 正向特性

在正向特性曲线的起始部分,电流几乎为零,此时二极管没有导通,工作于"死区",所对应的电压称为死区电压,用 U_{on} 表示。在室温下,硅管的 $U_{on} \approx 0.5V$,锗管的 $U_{on} \approx 0.1V$。

当 $U > U_{on}$ 时,正向电流随电压的增加而增大,二极管处于导通状态,呈现很小的电阻。当正向电流较大时,正向特性曲线几乎与横轴垂直,此时二极管两端电压(称为管压降,用 U_{VD} 表示)变化很小。通常,硅管的管压降为 0.6~0.8V,锗管的管压降为 0.1~0.3V。

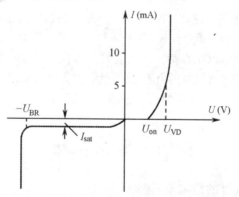

图 4 - 6　二极管的伏安特性曲线

2. 反向特性

二极管外加反向电压时,反向电流很小,管子处于截止状态,呈现出很大的电阻。当反向电压稍大后,反向电流基本不变,即达到饱和,因此又称为反向饱和电流,用 I_{sat} 表示。小功率硅管的反向电流一般小于 $0.1\mu A$,而锗管通常为几微安。

3. 反向击穿特性

当二极管两端所加的反向电压增大到某一数值后,反向电流急剧增加,这种现象称为反向击穿,如图4-6所示,其中反向电流开始明显增大时所对应的电压U_{BR}称为反向击穿电压。

二极管反向击穿后,一方面失去了单向导电性,另一方面PN结将流过很大的电流,可能导致PN结过热而烧毁。因此,普通二极管在实际应用中不允许工作在反向击穿区。

4. 温度特性

由于半导体材料的导电性能与温度有关,所以二极管的伏安特性也会随温度的变化而变化。通常,温度每升高1℃,二极管的正向压降将减小2mV左右。此外,二极管的反向饱和电流会随温度的升高而急剧增大。温度每升高10℃,其反向电流约增加一倍,这对二极管的实际使用是不利的。

三、二极管的主要参数及检测

1. 二极管的主要参数

半导体器件的参数是用来表示其性能指标和安全使用范围的,是正确使用和合理选择器件的依据。

(1) 最大整流电流I_{FM}。I_{FM}是指二极管正常工作时允许通过的最大正向平均电流。如果在实际应用中流过二极管的平均电流超过I_{FM},管子将过热而烧坏。

(2) 最大反向工作电压U_{RM}。U_{RM}是指二极管在使用时所允许加的最大反向电压,通常取反向击穿电压U_{BR}的一半为U_{RM}。在实际使用时,二极管所承受的最大反向电压不应超过U_{RM},以免二极管反向击穿。

(3) 反向电流I_R。I_R是指二极管未击穿时的反向电流。I_R越小,二极管的单向导电性越好。

(4) 最高工作频率f_M。f_M是二极管正常工作的上限频率,它由PN结的结电容大小决定。当工作频率超过f_M,二极管将失去单向导电性。

2. 二极管的简易测试

(1) 二极管性能的测试。选用万用表的欧姆挡测试二极管的性能,把量程拨到"R×100"挡或"R×1k"挡(不可用"R×1"挡和"R×10k"挡,容易烧毁二极管)。注意万用表的红表笔输出的是负电压,黑表笔输出的是正电压。如图4-7所示,如果红表笔接二极管的负极,黑表笔接二极管的正极,可测得二极管的正向电阻;反之,将红表笔接二极管的正极,黑表笔接二极管的负极,则可测得二极管的反向电阻。

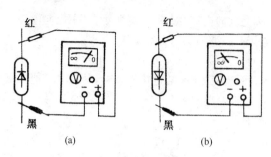

(a)　　　　　　　　　　(b)

图 4 - 7　用万用表测试二极管

（a）测正向电阻；（b）测反向电阻

如果测得二极管的正向电阻为 $100\sim1\,000\Omega$，则可认为二极管的正向特性较好，正向电阻越小越好。如果反向电阻大于数百千欧，则可认为二极管的反向特性较好，反向电阻越大越好。

（2）二极管正负极性的判别。对于没有任何标记的二极管，也可采用上述方法来判别正负极性。任意将两根表笔接到二极管的两端，如果测出的电阻很小，则为正向电阻，因此黑表笔接的一端为二极管的正极，红表笔接的一端为负极；反之，如果测出的电阻很大，则红表笔接的是二极管正极，黑表笔接的是负极。

四、二极管的应用电路

应用二极管主要是利用它的单向导电性。理想情况下，二极管导通时可以等效为短路，截止时可以等效为断路。

1. 开关电路

普通二极管常用作电子开关，如图 4 - 8 所示。图中 u_i 为交流信号（有用信息），是受控对象，其幅度一般很小，约几毫伏以下；E 为控制二极管 VD 通断的直流电压，其值最大可达几伏。

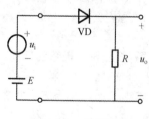

图 4 - 8　简单电子开关原理电路

显然，当 $E=0$ 时，由于二极管的导通电压在 $0.7V$ 左右，几毫伏的交流电压 u_i 不足以使其导通，因此二极管 VD 截止，近似为开路，输出电压 $u_o=0$；当 E 为几伏时，二极管 VD 导通，近似为短路，输出交流电压（不计直流）$u_o=u_i$。可见，只要简单改变直流电压 E 值的大小，就可以很方便地实现对交流信号的开关控制。

2. 限幅电路

二极管限幅电路如图 4 - 9a 所示，假设 $0<E<U_m$。当 $u_i<E$ 时，二极管截止，$u_o=u_i$；当 $u_i>E$ 时，二极管导通，$u_o=E$。其输入、输出波形如图 4 - 9b 所示。

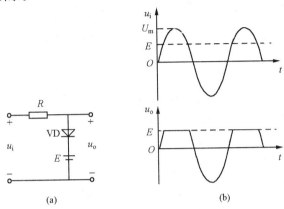

图 4 - 9　限幅电路

（a）电路图；（b）波形图

可见，该电路将输出电压的上限电平限定在某一固定值 E，所以称为上限幅电路。如将图中二极管的极性对调，则可得到将输出电压下限电平限定在某一数值的下限幅电路。能同时实现上、下电平限制的称为双向限幅电路。

第三节　特殊二极管

除上述的普通二极管外，还有若干种特殊的二极管，如稳压二极管、变容二极管、光电二极管和发光二极管。它们具有特殊的功能，在某些电路中应用也很广泛。

一、稳压二极管

1. 稳压二极管的符号

稳压二极管简称稳压管，它是用硅材料制成的半导体二极管，由于具有稳定电压的特性，在稳压设备和电子电路中经常用到。

稳压二极管器件的外形图及电路符号如图 4-10 所示。

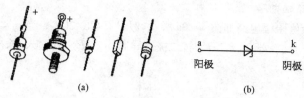

图 4-10   稳压二极管的外形图及符号

（a）外形图；（b）符号

2. 稳压二极管的伏安特性

稳压二极管的伏安特性曲线如图 4-11a 所示，它的特性与普通二极管相似，不同的是稳压管工作在反向击穿区。稳压二极管的正向特性与普通二极管一样，导通时正向电压约 0.7V。当稳压二极管反偏时，若反向电压小于反向击穿电压 $U_{(BR)}$，则只有极小的反向电流通过稳压二极管，但当反向电压达到反向击穿电压时，流过管子的电流急剧增加，从几微安增加到几十毫安。只要采取适当的限流措施，就能保证稳压二极管两端电压几乎不变且管子不会损坏。

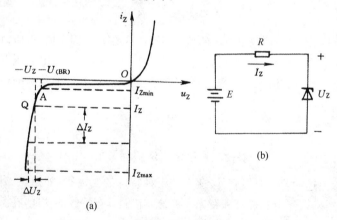

图 4-11   稳压二极管的伏安特性和应用电路

（a）伏安特性；（b）应用电路

由图可见，稳压二极管反向击穿部分越陡峭，同样大的电流变化引起管子两端电压的变化越小，稳压效果越好。

稳压二极管应工作在反向击穿状态，因此外接电源电压的极性应保证管子反偏,且其大小应不低于反向击穿电压,如图 4-11b 所示。此外,稳压二极管的电流变化范围有一定的限制。如果流过稳压二极管电流太小,则稳压效果差;如果电流太大,管子将发热而容易损坏稳压二极管。因此,应选择合适的限流电阻 R 以保证稳压二极管有合适的工作电流。

二、发光二极管

1. 发光二极管的符号

发光二极管简称 LED,是一种能将电信号转化成光信号的半导体器件,当它通过一定的电流时就会发光。它具有体积小、工作电压低、工作电流小、发光均匀稳定、响应速度快和寿命长等特点,常用作显示器件,如指示灯、七段显示器、矩阵显示器等。

各种发光二极管器件的外形图及电路符号如图 4-12 所示。

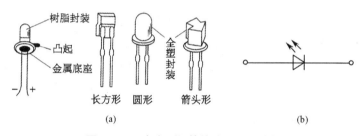

图 4-12 发光二极管的外形图及符号

(a) 外形图;(b) 符号

2. 发光二极管的伏安特性

半导体理论表明,半导体在外界能量(光、热)的激发下会产生微量的自由电子和空穴,当 PN 结加上正偏电压时,电子和空穴相遇而释放能量,与此同时产生电流,不同类型的半导体释放的能量以不同形式出现。由硅、锗半导体材料制成的 PN 结主要以热的形式释放能量,而由磷、砷、镓等化合物半导体材料制成的 PN 结则以光的形式释放出能量。

利用二极管的这一特性,可制成一种特殊二极管——发光二极管,其伏安特性曲线如图 4-13b 所示。发光二极管是由磷、砷、镓等半导体化合物制成的,它工作在正偏状态,在正向电流达到一定值时就发光。发光二极管的正向特性也比较特殊,当工作电流为 10~30mA 时,正向电压降为 1.5~2.5V,这点在使用中需要注意。

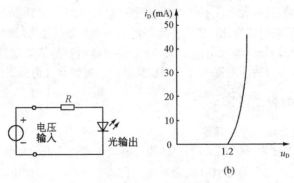

图 4 - 13　发光二极管的应用电路及伏安特性

（a）应用电路；（b）伏安特性

第四节　整流滤波电路

　　将电网的交流电压变换成电子设备所需要的直流电压的过程称为整流,利用半导体二极管的单向导电性所组成的整流电路,既简单方便,又经济实用。本节着重分析几种整流和滤波电路的工作原理和应用。

一、半波整流电路

1. 电路组成及工作原理

　　半波整流电路如图 4 - 14 所示。通常由降压变压器 Tr、整流二极管 VD 和电阻性负载 R_L 组成。

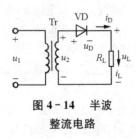

图 4 - 14　半波整流电路

　　在电源变压器一次接上交流 220V 电压后,其二次感应的电压为 u_2。u_2 的波形如图 4 - 15a 所示。在 u_2 的正半周,设变压器的二次绕组上端为正,下端为负,二极管 VD 因正向偏置而导通,有电流流过二极管和负载,$i_D = i_L$。若略去二极管导通时的正向压降,则 $u_L = u_2$。在 u_2 的负半周,变压器的二次绕组上端为负,下端为正,二极管 VD 因反向偏置而截止,没有电流流过二极管和负载,R_L 上电压为零,$u_L = 0$,此时,二极管两端电压 $u_D = u_2$。

　　图 4 - 15b 和 c 为负载上的电压 u_L 和电流 i_L 的波形图。这种电路利用二极管的单向导电性,使电源电压的半个周期内有电流流过负载,故称

为半波整流电路。半波整流电路在负载上得到的是单向脉动直流电压和电流。

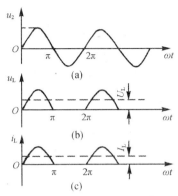

图 4-15　半波整流的波形图

（a）输入波形；（b）输出电压波形；（c）输出电流波形

2. 负载上的直流电压和电流

直流电压 U_L 是指一个周期内负载上脉动电压的平均值。可以证明，对于半波整流电路，有

$$U_L = \frac{\sqrt{2}}{\pi} U_2 = 0.45 U_2 \qquad (4-1)$$

式中，U_2 为二次交流电压的有效值。上式表明，半波整流电路负载（纯阻性负载）上得到的直流电压还不到变压器二次电压有效值的一半。

流经负载的直流电流为

$$I_L = \frac{U_L}{R_L} = 0.45 \frac{U_2}{R_L} \qquad (4-2)$$

3. 整流二极管的选择

流经二极管的电流 I_D 与负载电流 I_L 相等，故选用的二极管要求其

$$I_F \geqslant I_D = I_L \qquad (4-3)$$

由图 4-14 可见，二极管承受的最大反向电压 U_{DM} 等于二极管截止时两端电压的最大值，即交流电源负半波的峰值。故选用的二极管要求其

$$U_R \geqslant U_{DM} = \sqrt{2} U_2 \qquad (4-4)$$

根据 I_F 和 U_R 值，查阅有关半导体器件手册选用合适的二极管型号，使其额定值接近或略大于上述的参数值。

二、桥式整流电路

1. 电路组成及工作原理

在半波整流电路中,由于电源电压只在半个周期内有输出,故电源利用率低,负载电压脉动大,直流输出电压低。为了克服这些缺点,可采用桥式整流电路,如图 4 - 16 所示,四个二极管接成桥式电路。

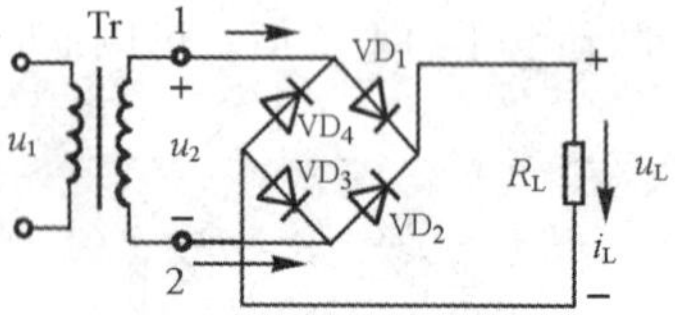

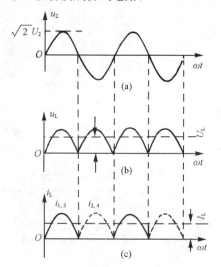

图 4 - 16　桥式整流电路

图 4 - 17　桥式整流的波形图
(a) 输入波形;(b) 输出电压波形;(c) 输出电流波形

设电源变压器二次交流电压为 u_2,其波形如图 4 - 17a 所示。在 u_2 的正半周,设变压器二次绕组为上正下负,二极管 VD_1、VD_3 因正向偏置而导通,电流由 1 端流出,经 VD_1、R_L 和 VD_3 而回到变压器 2 端,负载上得到上正下负的电压 u_L。此时二极管 VD_2、VD_4 因承受反向电压而截止,没有电流通过。

在 u_2 的负半周,变压器二次绕组为上负下正,二极管 VD_2、VD_4 导通,VD_1、VD_3 截止,电流由 2 端流出,经 VD_2、R_L 和 VD_4 而回到变压器 1 端,负载上仍得到上正下负的电压。可见,在 u_2 的整个周期内,由于 VD_1、VD_3 和 VD_2、VD_4 各工作半个周期,两组二极管轮流导通,这时负载上得到的单向脉动直流电压、电流波形如图 4 - 17b 和 c 所示。

2. 负载上的直流电压和电流

在二次电压有效值U_2与图4-14的半波整流电路相等的条件下,由图4-17b、c不难看出,桥式整流电路负载上得到的输出电压或电流的平均值是半波整流电路的两倍,即

$$U_L = 2\frac{\sqrt{2}}{\pi}U_2 = 0.9U_2 \qquad (4-5)$$

$$I_L = 0.9\frac{U_2}{R_L} \qquad (4-6)$$

3. 整流二极管的选择

流经二极管的电流平均值I_D为负载电流I_L的一半,故应选择的二极管要求

$$I_F \geqslant I_{VD1} = I_{VD2} = 0.5I_L \qquad (4-7)$$

而每只二极管截止时所承受的最大反向电压U_{DM}均为交流电源负半波的峰值

$$U_R \geqslant U_{DM} = \sqrt{2}U_2 \qquad (4-8)$$

由式(4-5)和式(4-6)可见,桥式整流电路的输出直流电压和直流电流比半波整流电路更大,而选择二极管的要求并不高,只是所需二极管的数量要多些,正向压降也大些。

由于桥式整流电路优点较显著,所以使用很普遍。现在已生产出现成的二极管组件——硅桥式整流器(硅桥堆),如图4-18所示。它是将四只二极管做在同一硅片上,具有体积小、特性一致、使用方便等优点。

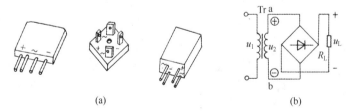

图4-18 桥式整流器

(a) 硅桥式整流器;(b) 桥式整流电路简单画法

第五章　半导体三极管放大电路及测试

　　半导体三极管又称为双极型三极管,简称三极管、晶体管或 BJT,是一种最为常用的半导体器件。由于三极管中两个 PN 结之间的相互影响,使其表现出不同于二极管(单个 PN 结)的特性,具有电流放大作用。

第一节　半导体三极管

一、三极管的结构与符号

　　三极管由两个相距很近的 PN 结组成。根据内部结构不同,可分为 PNP 型和 NPN 型,如图 5-1 所示。两个 PN 结将三极管分为三个区,分别称为发射区、基区和集电区,由各区引出的电极称为发射极、基极和集电极,分别用字母 e、b、c 表示。发射区与基区之间的 PN 结称为发射结,集电区与基区之间的 PN 结称为集电结。三极管的符号如图 5-1 所示,箭头表示发射结正向偏置时的电流方向。

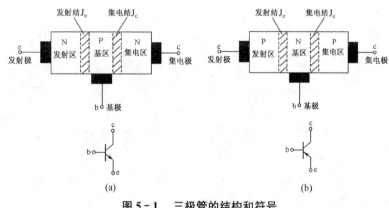

图 5-1　三极管的结构和符号

(a) NPN 型;(b) PNP 型

需要指出的是,虽然发射区和集电区的半导体类型相同,但发射区的掺杂浓度比集电区高;而在几何尺寸上,集电区的面积比发射区大,因此它们不能对调使用。

二、三极管的电流放大作用

1. 三极管的放大偏置

为了使三极管具有放大作用,在实际使用时,必须使其发射结处于正向偏置、集电结处于反向偏置。符合该要求的三极管直流偏置电路如图 5-2 所示。

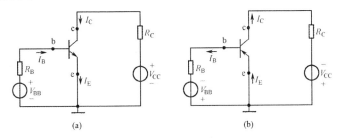

图 5-2　三极管的直流偏置电路

(a) NPN 型三极管的偏置电路;(b) PNP 型三极管的偏置电路

图 5-2a 中,外加直流电源 V_{BB} 使 NPN 管的基极电位 U_B 高于发射极电位 U_E,则发射结正偏;V_{CC} 使集电极电位 U_C 高于基极电位 U_B,则集电结反偏。PNP 型管偏置电路的电源极性与 NPN 型管相反,如图 5-2b 所示。

2. 三极管的各极电流关系

下面通过实验来讨论三极管的各极电流关系。实验电路如图 5-2a 所示,三极管采用 3DG6,改变直流电源电压 V_{BB},则基极电流 I_B、集电极电流 I_C 和发射极电流 I_E 都将发生变化,测量并记录各电流数值,列于表 5-1。

表 5-1　三极管电流测试数据

I_B(mA)	0	0.02	0.04	0.06	0.08	0.10
I_C(mA)	<0.001	0.70	1.50	2.30	3.10	3.95
I_E(mA)	<0.001	0.72	1.54	2.36	3.18	4.05
I_C/I_E	—	0.97	0.97	0.97	0.97	0.98
I_C/I_B	—	35	37.5	38.3	38.8	39.5

由此测试结果可得出以下结论：

（1）分析测试数据的每一列，可得

$$I_E = I_B + I_C \qquad (5-1)$$

此结果也符合 KCL 定律。

（2）分析第 3～5 列数据可知，I_C 和 I_E 均远大于 I_B，且 I_C/I_E 和 I_C/I_B 基本保持不变，这就显示了三极管的电流放大作用。由此可得

$$\bar{\alpha} \approx \frac{I_C}{I_E} \qquad (5-2)$$

式中，$\bar{\alpha}$ 为共基极直流电流放大系数，其值一般为 0.95～0.995。

$$\bar{\beta} \approx \frac{I_C}{I_B} \qquad (5-3)$$

式中，$\bar{\beta}$ 为共发射极直流电流放大系数，其值一般在几十至几百。

因此，有

$$I_C \approx \bar{\alpha} I_E \approx \bar{\beta} I_B \qquad (5-4)$$

$$I_E \approx (1+\bar{\beta}) I_B \qquad (5-5)$$

显然，由于 $\bar{\alpha} \approx 1$，$\bar{\beta} \gg 1$，因此有 $I_E > I_C \gg I_B$，$I_C \approx I_E$。

同样，三极管的电流放大作用还体现在基极电流变化量 ΔI_B 和集电极电流变化量 ΔI_C 上。比较第 3～5 列数据，可得

$$\frac{\Delta I_C}{\Delta I_B} = \frac{2.30-1.50}{0.06-0.04} = \frac{3.10-2.30}{0.08-0.06} = \frac{0.80}{0.02} = 40$$

可见，微小的 ΔI_B 可以引起较大的 ΔI_C，且其比值与 $\bar{\beta}$ 近似相等。因此可得

$$\beta = \frac{\Delta I_C}{\Delta I_B} \qquad (5-6)$$

式中，β 为共发射极交流电流放大系数。

虽然 β 和 $\bar{\beta}$ 是两个不同的概念，但在三极管导通时，在 I_C 相当大的变化范围内，$\bar{\beta}$ 基本上不变，$\beta \approx \bar{\beta}$，统称为共发射极电流放大系数，均用 β 表示。由于 β 值较大，因此三极管具有较强的电流放大作用。

（3）当 $I_B = 0$ 时（基极开路），$I_C = I_E = I_{CEO}$（穿透电流，含义后述），表中 $I_{CEO} < 0.001\text{mA} = 1\mu\text{A}$。

图 5-3 所示为三极管各极电流关系及方向的示意图，其中 PNP 型管的电流关系与 NPN 型管完全相同，但各极电流方向与 NPN 型管正好相反。

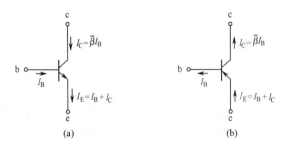

图 5 - 3　三极管的各极电流

（a）NPN 型；（b）PNP 型

三、三极管的伏安特性

三极管的伏安特性是用来表示管子各极电压和电流之间的相互关系，最常用的是三极管共射特性曲线，其测量电路如图 5 - 4 所示。

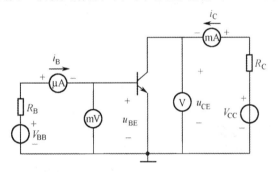

图 5 - 4　三极管共射特性曲线的测量电路

1. 共射输入特性曲线

输入特性曲线是指当三极管的输出电压 u_{CE} 为常数时，输入电流 i_B 与输入电压 u_{BE} 之间的关系曲线，即 $i_B = f(u_{BE})|_{u_{CE}=常数}$，如图 5 - 5a 所示。

由图 5 - 5a 可见，当 $u_{CE} = 0$ 时，三极管的输入特性曲线与二极管的正向伏安特性曲线相似。当 u_{CE} 增大时，曲线将向右移动。严格地说，u_{CE} 不同，所得到的输入特性曲线也不相同。但实际上，$u_{CE} \geqslant 1V$ 以后的曲线基本上是重合的，因此只用 $u_{CE} = 1V$ 时的曲线来表示。

与二极管相似，三极管的输入特性也有一段死区。一般硅管的死区电压约为 0.5V，锗管约为 0.1V。此外，三极管正常工作时，发射结电压

u_{BE}变化不大,一般硅管的 $|U_{BE}| \approx 0.7V$,锗管的 $|U_{BE}| \approx 0.2V$。

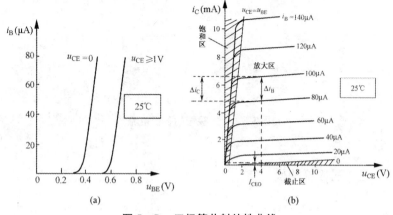

图 5 - 5   三极管共射特性曲线

(a) 输入特性曲线;(b) 输出特性曲线

2. 共射输出特性曲线

输出特性曲线是指当三极管的输入电流 i_B 为常数时,输出电流 i_C 与输出电压 u_{CE} 之间的关系曲线,即 $i_C = f(u_{CE})|_{i_B=常数}$,如图 5 - 5b 所示。

由图 5 - 5b 可见,各条曲线的形状基本相同。曲线的起始部分很陡,u_{CE} 略有增加,i_C 就迅速增加,当 u_{CE} 超过某一数值(约 1V)后,曲线变得比较平坦,几乎平行于横轴。

三极管的共射输出特性曲线可分为以下三个区域:

(1) 截止区。$i_B = 0$ 的曲线以下的区域称为截止区,截止区满足发射结和集电结均反偏的条件。此时,三极管失去放大作用,呈高阻状态,各极之间近似开路。

(2) 放大区。$i_B > 0$ 的所有曲线的平坦部分称为放大区,放大区满足发射结正偏和集电结反偏的条件。在放大区,$i_C \approx \beta i_B$,i_C 随 i_B 的变化而变化,即 i_C 受控于 i_B。相邻曲线间的间隔大小反映了 β 的大小,即管子的电流放大能力。

(3) 饱和区。所有曲线的陡峭上升部分称为饱和区,饱和区满足发射结和集电结均正偏的条件。此时,三极管各极之间电压很小,而电流却较大,呈现低阻状态,各极之间近似短路。

在放大电路中,三极管应工作在放大区,而在开关电路中应工作在截止区和饱和区。

四、三极管的主要参数及检测

1. 三极管的主要参数

1) 电流放大系数 β 和 α　β 和 α 是表征三极管电流放大能力的参数。

2) 极间反向电流 I_{CBO} 和 I_{CEO}　I_{CBO} 是发射极开路时集电结的反向饱和电流。I_{CEO} 是基极开路时集电极与发射极间的穿透电流,且 $I_{CEO}=(1+\bar{\beta})I_{CBO}$。管子的反向电流越小,性能越稳定。

由于 I_{CBO} 的值很小,所以在讨论三极管的各极电流关系时将其忽略。若考虑 I_{CBO},则

$$I_C=\bar{\beta}I_B+(1+\bar{\beta})I_{CBO}=\bar{\beta}I_B+I_{CEO} \qquad (5-7)$$

3) 极限参数　极限参数是指为使三极管安全工作对它的电流、电压和功率损耗的限制,即正常使用时不宜超过的限度。

(1) 最大集电极电流 I_{CM}。I_C 在相当大的范围内三极管 β 值基本不变,但当 I_C 的数值大到一定程度时 β 值将减小。当 β 下降到其额定值的 2/3 时的 I_C 即为 I_{CM}。当电流超过 I_{CM} 时,三极管的性能将显著下降,甚至可能烧坏管子。

(2) 最大集电极功耗 P_{CM}。P_{CM} 表示集电结上允许的损耗功率的最大值,超过此值将导致管子性能变差或烧坏。

$$P_{CM}=I_C U_{CE}$$

(3) 反向击穿电压 $U_{(BR)CEO}$。三极管有两个 PN 结,如果反向电压超过一定值,也会发生击穿。$U_{(BR)CEO}$ 是指基极开路时集-射极间的反向击穿电压,一般在几十伏以上。

在设计三极管电路时,应根据工作条件选择管子的型号。为防止三极管在使用中损坏,必须使它工作在图 5-6 所示的安全工作区内。

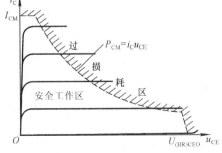

图 5-6　三极管安全工作区

2. 三极管的简易测试

(1) 三极管类型的判别。

三极管内部有两个 PN 结,根据 PN 结正向电阻小、反向电阻大的特性,

可以判别管子类型。

先测定管子的基极。将万用表选挡开关拨至"R×1k"挡或"R×100"挡,用黑表笔和任一管脚相连(假设它是基极 b),红表笔分别和另外两个管脚相连,测量其阻值,如图 5-7a 所示。如果所测的阻值一个很大、一个很小,则将黑表笔所接的管脚调换一个,再按上述方法测试。如果测出两个阻值都很小,则黑表笔所接的就是基极,且该管为 NPN 型。因为黑表笔与表内电池的正极相连,这时测得的是两个 PN 结的正向电阻值,所以很小。

如果照上述方法测得的结果均为高阻值,则黑表笔所接的是 PNP 型管的基极,因为此时测得的是两个 PN 结的反向电阻值,如图 5-7b 所示。

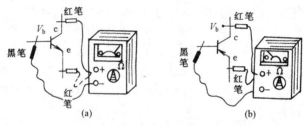

图 5-7　三极管类型的判别

(2) 估测比较 β 的大小。如图 5-8 所示,以 NPN 型管为例,将万用表拨至"R×1k"挡(此时黑表笔与表内电池的正极相接,红表笔与表内电池的负极相接),测量并比较开关 S 断开和接通时的电阻值,前后两个读

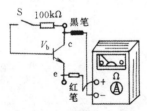

图 5-8　估测 β 的电路

数相差越大,表示三极管的 β 值越高。这是因为当 S 断开时,管子截止,集-射极之间的电阻大;S 接通后,管子发射结正偏,集电结反偏,处于导通放大状态。根据 $I_C = \beta I_B$ 的原理,如果 β 大,I_C 也大,集-射极之间的电阻就小,所以两次读数相差大就表示 β 值大。

如果被测的是 PNP 型三极管,只要将万用表黑表笔接发射极、红表笔接集电极(与测 NPN 型管的接法相反),其他不变,仍可用同样的方法估测比较 β 的大小。

(3) 三极管管脚的判别。首先用前述方法确定三极管的基极和管子类型。仍以 NPN 型管为例,可用图 5-8 估测 β 大小的方法来判断集电极、发射极。先假定一个待定管脚为集电极(另一个假定为发射极),接入电路,记下万用表摆动的幅度;然后再把这两个待定管脚对调一下,即原来假定为集电极的改为发射极(原来假定为发射极的改为假定为集电极),接入电路,再记下万用表摆动的幅度。摆动幅度大的一次(即阻值小的一次),黑表笔所接的管脚为集电极,红表笔所接的管脚为发射极。这是因为当三极管各电极电压极性正确时 β 值较大。如果待测的管子是 PNP 型管,只要把图 5-8 中红、黑表笔对调位置,仍照上述方法测试。

第二节　放大电路的主要性能指标

将放大电路用一有源二端口网络来模拟,如图 5-9 所示,$\dot{U}_i$ 为输入电压,$\dot{I}_i$ 为输入电流;$\dot{U}_o$ 为输出电压,$\dot{I}_o$ 为输出电流。为描述放大电路的性能优劣,规定了若干性能指标,主要有放大倍数、输入电阻、输出电阻和频率特性等。

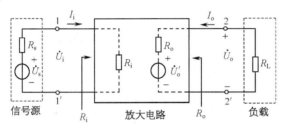

图 5-9　放大电路的有源二端口网络形式

一、放大倍数

放大倍数又称增益,是衡量放大器放大能力的指标,常用的是电压放大倍数。电压放大倍数定义为输出电压与输入电压之比,若不考虑放大电路中的电抗因素,则

$$A_u = \frac{u_o}{u_i} = \frac{U_o}{U_i} = \frac{U_{om}}{U_{im}} \tag{5-8}$$

某些情况下还要用到源电压放大倍数 A_{us},A_{us} 定义为输出电压与信号源电压之比

$$A_{us} = \frac{u_o}{u_s} = \frac{U_o}{U_s} = \frac{U_{om}}{U_{sm}} \tag{5-9}$$

一般信号源总是存在一定的内阻,所以放大器的实际输入电压 U_i 必然小

于 U_s，A_{us} 亦小于 A_u。

工程上常用分贝(dB)来表示放大倍数的大小，则

$$A_u(dB) = 20lg \mid A_u \mid$$

用 dB 来表示增益的大小，在工程计算上会带来很多方便，如化大数为小数、化乘除为加减等。

二、输入电阻

对信号源来说，放大器相当于一个负载，这个等效负载电阻就是放大器的输入电阻 R_i，即从放大器输入端看进去的等效电阻。由图 5-9 可知，输入电阻 R_i 应为

$$R_i = \frac{u_i}{i_i} = \frac{U_i}{I_i} \tag{5-10}$$

显然有

$$u_i = \frac{R_i}{R_s + R_i} u_s$$

可见，在 R_s 一定的条件下，R_i 越大，i_i 就越小，u_i 就越接近于 u_s，放大电路对信号源的影响越小。由于大多数信号源都是电压源，因此一般要求放大电路的输入电阻要高。当然，在少数信号源为电流源的情况下，要求放大电路的输入电阻要低。

由上式也可得到源电压放大倍数

$$A_{us} = \frac{R_i}{R_s + R_i} A_u \tag{5-11}$$

三、输出电阻

对于负载 R_L 来说，放大器相当于一个有内阻的信号源，如图 5-9 所示，这个等效信号源的内阻就是放大器的输出电阻 R_o，即从放大器输出端看进去的等效内阻。

根据戴维南定理，输出电阻 R_o 应为

$$R_o = \frac{u_o}{i_o} \bigg|_{U_i=0, R_L \to \infty} = \frac{U_o}{I_o} \bigg|_{U_i=0, R_L \to \infty} \tag{5-12}$$

显然有

$$u_o = \frac{R_L}{R_o + R_L} u'_o \tag{5-13}$$

可见，R_o 越小，负载电阻 R_L 变化时输出电压的变化越小，称放大电路的带负载能力越强。

第三节　共射基本放大电路

一、共射放大电路的组成

1. 电路组成

常见的共射基本放大电路如图 5-10 所示。其中输入信号 u_i 所在的回路称为输入回路；放大后的输出信号 u_o 所在的回路称为输出回路。显然，发射极是输入、输出回路的公共端，所以称为共发射极电路，简称共射电路。

图 5-10 电路中，三极管 VT 为核心放大器件。V_{BB}、R_B、V_{CC}、R_C 组成直流偏置电路，确保三极管满足放大偏置。输入端和输出端分别接一个容值较大的耦合电容 C_1 和 C_2，起到"隔直通交"的作用，即对直流相当于开路，对交流相当于短路。输入交流电压 u_i 可通过电容 C_1 加到三极管发射结两端，同时由于电容 C_1 的隔直作用，交、直流电路之间互不影响。在输出端，由于电容 C_2 的隔直作用，输出电压 u_o 为纯交流信号。

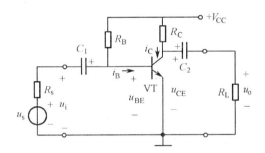

图 5-10　共射基本放大电路

2. 直流通路与交流通路

由图 5-10 可知，放大电路正常工作时，直流量与交流量共存于电路中，前者是直流电源 V_{CC} 作用的结果，后者是输入交流电压 u_i 作用的结果。由于电抗元件的存在，使直流量与交流量所流经的通路不同。因此，为了分析方便，将放大电路分为直流通路与交流通路。

直流通路是直流电源作用所形成的电流通路。在直流通路中，电容因对直流量呈无穷大电抗而相当于开路，电感因电阻非常小可忽略不计而相当于短路，信号源电压为零（即 $u_s = 0$），但保留内阻 R_s。直流通路用于分析放大电路的静态参数。图 5 - 10 所示的共射基本放大电路的直流通路如图 5 - 11a 所示。

交流通路是交流信号作用所形成的电流通路。在交流通路中,大容量电容(如耦合电容)因对交流信号容抗可忽略而相当于短路,直流电源为恒压源,因内阻为零也相当于短路。交流通路用于分析放大电路的动态参数。图 5 - 10 所示的共射基本放大电路的交流通路如图 5 - 11b 所示。

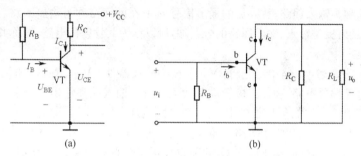

图 5 - 11　共射基本放大电路的直流通路与交流通路
(a) 直流通路；(b) 交流通路

二、放大电路的静态分析

1. 静态工作点分析

在放大电路中,未加交流信号($u_i = 0$)时电路各处的电压、电流都是直流量,这时称电路的状态为静态。当输入交流信号后,电路中各处的电压和电流是变动的,这时称电路的状态为动态。

参见图 5 - 11a,静态时 $u_i = 0$,三极管的 I_B、I_C、U_{BE}、U_{CE} 称为放大电路的静态工作点,又称 Q 点。由于放大电路中三极管发射结的导通压降 U_{BE} 基本不变(硅管约为 0.7V,锗管约为 0.2V),因此可得

$$I_B = \frac{V_{CC} - U_{BE}}{R_B} \tag{5-14}$$

$$I_C = \beta I_B \tag{5-15}$$

$$U_{CE} = V_{CC} - I_C R_C \tag{5-16}$$

若 R_B 和 V_{CC} 不变,则 I_B 不变,故称为恒流式偏置电路或固定偏流式电路。显然,改变 R_B 可以明显改变 I_B、I_C 和 U_{CE} 值,即改变 R_B 可以调节放大电路的静态工作点。

2. 静态工作点对输出波形的影响

在放大电路中,交流信号的放大是建立在三极管具有一个合适的直流工作点的基础上,如果工作点选择不当,则三极管可能会进入饱和区或截止区,产生严重的失真。

三极管的静态工作点(U_{BE}、I_B、U_{CE}、I_C)可在其输出特性曲线上用一坐标点表示,如图 5 - 12 中的 Q 点。图 5 - 12a 中,Q 点偏低,在输入正弦信号的负半周,三极管在部分时间内工作于截止区,产生了严重的失真,称为截止失真。由 NPN 型管组成的共射放大电路产生截止失真时,输出电压波形出现顶部失真。

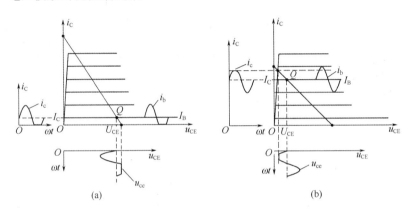

图 5 - 12　工作点选择不当引起的失真
(a) 截止失真；(b) 饱和失真

图 5 - 12b 中,Q 点偏高,在输入正弦信号的正半周,三极管在部分时间内工作于饱和区,产生了严重的失真,称为饱和失真。由 NPN 型管组成的共射放大电路产生饱和失真时,输出电压波形出现底部失真。

三、放大电路的动态分析

放大电路的动态分析是在静态值确定后分析其交流性能指标(A_u、R_i、R_o 等),通常采用的是小信号等效电路分析法,又称微变等效电路分析法。

1. 三极管的小信号等效电路

小信号等效电路是三极管的线性等效模型,如图 5 - 13 所示。

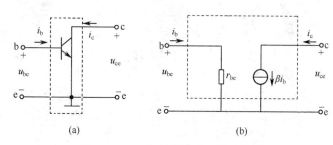

图 5 - 13　三极管的小信号等效电路

（a）三极管共射接法；（b）小信号等效电路

对于输入回路，当三极管工作在放大区，在低频小信号作用下，其在静态工作点 Q 附近的输入特性曲线基本上是一条直线，则 Δi_B 与 Δu_{BE} 成正比，因而可以用一个等效电阻 r_{be} 来表示输入电压和输入电流之间的线性关系，即

$$r_{be} = \frac{\Delta u_{BE}}{\Delta i_B}\bigg|_{u_{CE}=常数}$$

因此，三极管 b、e 之间可用一个电阻 r_{be} 等效，如图 5 - 13b 所示。

$$r_{be} = r_{bb'} + (1+\beta)\frac{26(\mathrm{mV})}{I_E(\mathrm{mA})}(\Omega) = r_{bb'} + \frac{26(\mathrm{mV})}{I_B(\mathrm{mA})}(\Omega) \quad (5-17)$$

式中，I_E 为发射极偏置电流；I_B 为基极偏置电流；$r_{bb'}$ 为基区体电阻，是一个与工作状态无关的常数，通常为几十至几百欧姆，若 $r_{bb'}$ 未知，则可取 $r_{bb'} = 100\Omega$。

对于输出回路，考虑到三极管的放大作用，$i_c = \beta i_b$，即有一个基极电流 i_b，就必有一个相应的集电极电流 βi_b 与之对应，因此，三极管 c、e 之间可用一个受控电流源 βi_b 等效，其电流方向与 i_b 有关，如图 5 - 13b 所示。

2. 放大电路的小信号等效电路分析法

小信号等效电路分析法的主要步骤如下：

（1）计算放大电路的 Q 点。必须指出的是，小信号等效电路分析法绝不能用来进行静态分析，但求小信号等效电路的 r_{be} 时，却要先求得三极管的直流 I_B 或 I_E 值，因此可由直流通路直接计算而得到放大电路的 Q 点。

（2）画出放大电路的小信号等效电路。先画出放大电路的交流通路，再用小信号等效电路来代替交流通路中的三极管，从而得到整个放大电路的小信号等效电路。

（3）根据所得到的放大电路的小信号等效电路，用求解线性电路的方法求出放大电路的性能指标，如 A_u、R_i、R_o 等。

四、共射放大电路的测试

（一）操作要领

1. 低频信号发生器

信号发生器作为信号源能直接产生正弦波、三角波、方波、脉冲波等信号，低频信号发生器产生的是低频信号。

XD-2 型低频信号发生器是用来产生频率为 1Hz～1MHz 幅度可调的正弦波信号，其面板结构如图 5-14 所示。

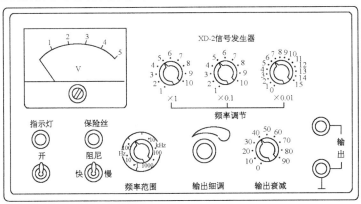

图 5-14　XD-2 型低频信号发生器面板结构图

低频信号发生器的使用方法如下：

（1）开机前将"输出细调"旋钮置于最小处。

（2）接通电源，预热 20min 后使用。

（3）根据所需频率，将"频率范围"旋钮旋至所需频段；再调节"频率调节"中的"×1"、"×0.1"、"×0.01"三个旋钮，输出信号的频率可由这四个旋钮所示位置直接读出。

（4）输出幅度调节。调节"输出细调"旋钮使电压表指示在某一数值上，同时将"输出衰减"旋钮置于某挡位置。这时输出电压幅度等于电压表指示值除以"输出衰减"旋钮指示的分贝数所换算的电压衰减倍数（其对应关系见表 5-2）。

（5）非线性失真。在 20Hz～20kHz 范围内小于 0.1%。

表5-2　分贝表

分贝数(dB)	0	10	20	30	40	50	60	70	80	90
衰减倍数	1	3.162	10	31.62	100	316.2	1 000	3 162	10 000	31 620

　　例：调节输出频率为1.25kHz、电压有效值为30mV的正弦波信号。

　　步骤：调节"频率范围"旋钮,选择1～10kHz的范围;调节"频率细调"旋钮,×1挡置于"1"的位置,×0.1挡置于"2"的位置,×0.01挡置于"5"的位置;调节"输出衰减"旋钮,置于40dB;调节"输出细调"旋钮,使电压表指示为3V。

$$f = (1×1+0.1×2+0.01×5)×1kHz = 1.25kHz$$

实际输出电压

$$U = \frac{3V}{100} = 0.03V = 30mV$$

　　2. 晶体管毫伏表

　　晶体管毫伏表是通用型交流电压表,它具有灵敏度高、输入阻抗大、可测的电压范围和频率范围宽等特点,可用于测量毫、微伏交流电压。这里主要介绍DA-16型晶体管毫伏表,面板结构如图5-15所示。

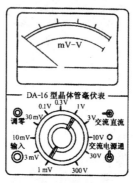

图5-15　DA-16型晶体管毫伏表面板结构图

　　1）使用方法

　　(1) 通电源前,将仪表放平,将表头进行机械零点校准。

　　(2) 将输入端短接,接通电源,调节"调零"旋钮使指针指在零点。当使用低量程挡时,由于噪声的影响,指针可能有轻微抖动,属正常现象。

　　(3) 根据被测信号的大约数值,选择适当的量程。若事先不知被测电压的大小,应先将量程选择在最大挡,然后根据情况逐渐减小量程,并尽可能使指针接近满刻度,以减小误差。

2)注意事项

(1)测试前,应选好量程。每次换挡后均需调零。

(2)DA-16型晶体管毫伏表是按正弦波电压有效值刻度,不宜测试非正弦交流电压。

(3)本仪器灵敏度较高,使用时,接地点要可靠接触。

(4)测量毫伏级的低电压时,必须先将输入端的接线连接好,然后把"量程选择"旋钮从"3V"以上挡级逐步调到相应的"mV"挡级;测量结束后,应先把"量程选择"旋钮调回到"3V"以上挡级,然后才可拆去输入端的接线,以免仪表在低量程挡过载而损坏。

3. 分压式静态工作点稳定放大电路(图5-16)

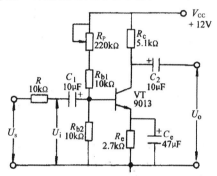

图5-16　分压式静态工作点稳定放大电路

(1)输入电阻 R_i 的测量。采用图5-17a所示的串联电阻法,通过测出 U_s 和 U_i 的电压来求得 R_i,公式为

$$R_i = \frac{U_i}{\dfrac{U_s - U_i}{R}} = \frac{U_i}{U_s - U_i} R \tag{5-18}$$

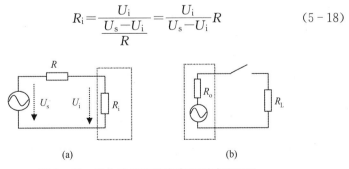

(a)　　　　　　　(b)

图5-17　输入电阻和输出电阻测试原理图

（2）输出电阻 R_o 的测量。采用图 5 - 17b 所示电路,测出放大电路输出电压在不接负载时的值 U_o 和接入负载 R_L 时的输出电压 U_{oL} 的变化来求得输出电阻,公式为

$$R_o = \frac{U_o - U_{oL}}{I_o} = \left(\frac{U_o}{U_{oL}} - 1\right) R_L \qquad (5 - 19)$$

(二) 操作步骤

1. 测量静态工作点

（1）根据图 5 - 16 所示电路进行接线,检查无误后,接通直流稳压电源。

（2）调节图中电阻 R_P,使 $U_{EQ} = 3V$,用万用表测量 U_B、U_C。

2. 测量电压放大倍数 A_u

（1）调节低频信号发生器,使其输出正弦波信号,频率 $f = 1kHz$,$U_i = 10mV$,并接在放大器的输入端。

（2）将示波器接在放大器的输出端,观察输出 u_o 的波形,要求不失真。

（3）将毫伏表接在放大器的输出端,保持输入电压 U_i 不变,改变 R_L,观察负载电阻的改变对电压放大倍数的影响。

3. 测量放大器的输入电阻 R_i 和输出电阻 R_o

（1）在输出波形不失真的条件下,用毫伏表测量 U_s 和 U_i,并代入式（5 - 18）计算 R_i。

（2）接入负载 $R_L = 3k\Omega$,在输出波形不失真的条件下,用毫伏表测量空载时的输出电压 U_o 和带载时的输出电压 U_{oL},并代入式（5 - 19）计算 R_o。

4. 观察失真

（1）将示波器接在放大器的输出端,观察输出 u_o 的波形,调节电阻 R_P,使电压输出波形出现饱和失真,绘制波形。

（2）将示波器接在放大器的输出端,观察输出 u_o 的波形,调节电阻 R_P,使电压输出波形出现截止失真,绘制波形。

第四节　工作点稳定的放大电路

如前所述,放大电路应有合适的静态工作点,以保证有良好的放大效果,并且不引起非线性失真。但由于某些原因,如环境温度的变化,将引

起三极管参数的变化,从而影响静态工作点的稳定性。

一、温度对静态工作点的影响

工作点不稳定的原因很多,例如电源电压的变化、电路参数的变化、管子的老化与更换等,但主要是由于三极管的参数(I_{CBO}、U_{BE}、β 等)随温度而变化。

当温度升高时,三极管反向饱和电流 I_{CBO} 将增大,显然,I_{CEO} 也增大;发射结导通电压的绝对值 $|U_{BE}|$ 将减小,$|U_{BE}|$ 的温度系数约为 $-2.2\text{mV}/\text{℃}$;电流放大系数 β 将增大,β 相对变化的温度系数为 $0.5\%/\text{℃}\sim1\%/\text{℃}$。以上各参数的变化将引起静态工作点的移动。

二、分压式偏置电路

分压式偏置电路是一种能够自动稳定静态工作点的电路,如图 5-18a 所示。

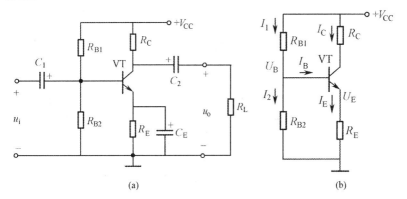

图 5-18　分压式偏置电路
(a) 电路;(b) 直流通路

1. 工作点稳定的原理

图 5-18b 为分压式偏置电路的直流通路。通常,选择合适的参数使得 $I_1 \gg I_B$,则 $I_2 = I_1 - I_B \approx I_1$,因此可将 R_{B1} 和 R_{B2} 近似看成串联,则三极管的基极电位 U_B 为

$$U_B \approx \frac{R_{B2}}{R_{B1}+R_{B2}} V_{CC}$$

可见,当温度变化时 U_B 基本不变。

若 $U_B \gg U_{BE}$,则

$$I_C \approx I_E = \frac{U_B - U_{BE}}{R_E} \approx \frac{U_B}{R_E}$$

可见, I_C 也不受温度影响。

因此,只要满足 $I_1 \gg I_B$ 和 $U_B \gg U_{BE}$ 两个条件,分压式偏置电路就能够稳定静态工作点。一般可选取 $I_1 = (5 \sim 10)I_B$ 、 $U_B = (5 \sim 10)U_{BE}$ 。

分压式偏置电路稳定工作点的实质过程为,若温度升高, I_C 、 I_E 增大, U_E 也升高,而 U_B 基本不变,则 U_{BE} 将减小, I_B 也减小,从而抑制了 I_C 的增大,稳定了工作点。

$$温度\ T \uparrow \rightarrow I_C \uparrow \rightarrow I_E \uparrow \rightarrow U_E \uparrow \xrightarrow{\ U_B 不变\ } U_{BE} \downarrow \rightarrow I_B \downarrow$$
$$I_C \downarrow \longleftarrow \underline{\hspace{5cm}}$$

2. 电路分析

由图 5 - 18b 可求出分压式偏置电路的静态工作点

$$U_B \approx \frac{R_{B2}}{R_{B1} + R_{B2}} V_{CC} \qquad (5 - 20)$$

$$I_C \approx I_E = \frac{U_B - U_{BE}}{R_E} \approx \frac{U_B}{R_E} \qquad (5 - 21)$$

$$U_{CE} = V_{CC} - I_C R_C - I_E R_E \approx V_{CC} - I_C(R_C + R_E) \qquad (5 - 22)$$

$$I_B = \frac{I_C}{\beta} \qquad (5 - 23)$$

图 5 - 18a 所示电路的交流通路及小信号等效电路如图 5 - 19 所示,其中 $R_B = R_{B1} /\!/ R_{B2}$ 。可见,图 5 - 19b 所示的微变等效电路与共射恒流式偏置电路完全相同,因此交流性能指标也相同。

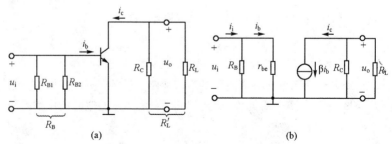

图 5 - 19 分压式偏置电路的动态分析

(a) 交流通路;(b) 小信号等效电路

第五节　共集电极放大电路

放大电路中的三极管有三种接法,又称三种组态,即共射、共集和共基组态,其中共集组态所对应的放大电路称为共集电极放大电路。

一、共集电极放大电路的组成

共集电极放大电路如图 5 - 20a 所示,图 b 为其交流通路。可见,集电极是输入和输出回路的公共端,因此称为共集电路。由于从发射极输出,故又称为射极输出器。

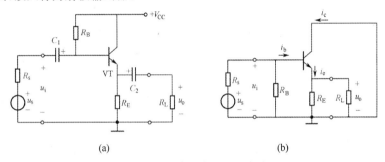

(a)　　　　　　　　　　　　(b)

图 5 - 20　共集电极放大电路

(a) 电路图;(b) 交流通路

二、共集电极放大电路的分析

1. 静态分析

如图 5 - 20a 所示,在基极回路中根据 KVL 可得

$$I_B R_B + U_{BE} + I_E R_E = V_{CC} \qquad (5-24)$$

$$I_B = \frac{V_{CC} - U_{BE}}{R_B + (1+\beta)R_E} \qquad (5-25)$$

则

$$I_C = \beta I_B \qquad (5-26)$$

$$U_{CE} = V_{CC} - I_E R_E \approx V_{CC} - I_C R_E \qquad (5-27)$$

2. 动态分析

图 5 - 21a 所示为射极输出器的小信号等效电路,设 $R'_L = R_E /\!/ R_L$。

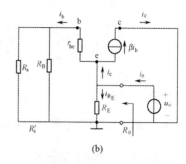

图 5 - 21   射极输出器的微变等效电路

(a) 小信号等效电路；(b) 求 R_o 的等效电路

（1）电压放大倍数。由图 5 - 21a 可得

$$u_i = i_b r_{be} + i_e R_L' = [r_{be}(1+\beta)R_L']i_b$$

$$u_o = i_e R_L' = (1+\beta)R_L' i_b$$

则电压放大倍数为

$$A_u = \frac{u_o}{u_i} = \frac{(1+\beta)R_L'}{r_{be}+(1+\beta)R_L'} \tag{5-28}$$

上式表明，射极输出器的电压放大倍数小于 1，且输出电压与输入电压同相。而一般 $(1+\beta)R_L' \gg r_{be}$，因此 $A_u \approx 1$，则 $u_o \approx u_i$，即 u_o 跟随 u_i 变化，因此射极输出器通常又称为射极跟随器或电压跟随器。

（2）输入电阻。如图 5 - 21a 所示，设 R_i' 为从三极管基极与接地端看进去的等效电阻，则

$$R_i' = \frac{u_i}{i_b} = r_{be} + (1+\beta)R_L'$$

因此输入电阻为

$$R_i = R_B // R_i' = R_B // [r_{be} + (1+\beta)R_L'] \tag{5-29}$$

可见，射极输出器的输入电阻较大，可达 $100k\Omega$ 以上，比共射基本放大电路大得多。

（3）输出电阻。图 5 - 21b 为求 R_o 的等效电路，设 $R_s' = R_s // R_B$，则 R_s' 与 r_{be} 串联后折合到发射极回路的电阻为 $(r_{be}+R_s')/(1+\beta)$，而该电阻又与 R_E 并联，因此输出电阻 R_o 为

$$R_o = \frac{r_{be}+R_s'}{1+\beta} // R_E$$

通常 $R_E \gg (r_{be}+R_s')/(1+\beta)$，则

$$R_o \approx \frac{r_{be} + R_s'}{1 + \beta} \tag{5-30}$$

若不考虑信号源内阻,即 $R_s = 0, R_s' = 0$,则

$$R_o \approx \frac{r_{be}}{1 + \beta} \tag{5-31}$$

可见,射极输出器的输出电阻较小,一般为几到几十欧姆。

综上所述,射极输出器的主要特点是:电压放大倍数接近于 1,输入电阻大,输出电阻小。因其输入电阻大,常作为多级放大器的输入级,以减小从信号源索取的电流;因其输出电阻小,常作为多级放大器的输出级,以增强带负载能力;因其具有电压跟随作用,还可作为中间级隔离前、后级之间的相互影响。因此,尽管共集电极放大电路没有电压放大作用,仍然得到了广泛的应用。

第六节　多级放大电路

在实际应用中,单级放大器的放大倍数很难满足要求。因此,常将多个单级放大器合理连接,构成多级放大器。

一、多级放大电路的组成

多级放大电路的组成框图如图 5-22 所示。

图 5-22　多级放大器的组成框图

输入级通常要求输入电阻高,以减小对信号源的影响,一般采用共集电极放大电路或场效应管放大电路;中间级要求具有足够的放大倍数,一般由若干级共射放大电路组成;输出级一方面要求输出电阻要低,以提高带负载能力,另一方面要具有一定的输出功率,一般采用共集电极放大电路或功率放大器。

二、多级放大电路的级间耦合方式

多级放大电路中级与级之间的连接,称为级间耦合。常见的级间耦合方式有阻容耦合、直接耦合和变压器耦合。

1. 阻容耦合

在图 5-23 所示的两级放大电路中,第一级和第二级之间通过电容 C_2 实现连接,因而称为阻容耦合。显然,信号源与第一级之间、第二级与负载之间也是阻容耦合。

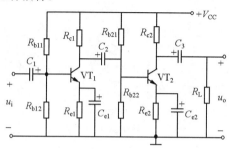

图 5-23 阻容耦合放大电路

在阻容耦合电路中,由于耦合电容对直流相当于开路,使得各级的静态工作点彼此独立。此外,只要耦合电容的容量足够大,信号频率不是太低,前级信号就可顺利地传输到下一级。因此,阻容耦合方式在分立元件电路中得到了广泛的应用。

但是,如果信号频率过低,耦合电容将呈现出很大的阻抗,因此阻容耦合电路不适用于传送缓慢变化的信号,而且在集成电路中制造大容量电容很困难,所以集成电路中不采用这种耦合方式。

2. 直接耦合

将前级电路的输出直接接到后级电路的输入,称为直接耦合,如图 5-24 所示。

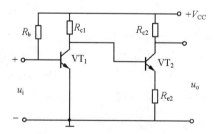

图 5-24 直接耦合放大电路

直接耦合放大电路具有很好的低频特性,能够放大缓慢变化的信号甚至直流信号,而且由于不采用电容,便于集成,因此目前的集成电路中几乎均采用直接耦合方式。但是,由于前后级电路直接相连,各级的直流工作状态相互影响,因此必须调整好电路参数,确保各级有合适的静态工作点。

3. 变压器耦合

变压器耦合放大电路如图 5 - 25 所示,前后级通过变压器传递交流信号。

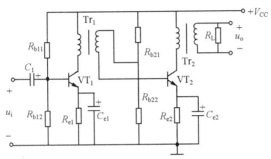

图 5 - 25　变压器耦合放大电路

由于变压器能隔断直流,因此各级的静态工作点相互独立。在传输信号时,可根据需要恰当地选择变压器一次侧和二次侧的匝数比,实现阻抗变换。但由于变压器体积、重量较大,频率特性差,不能集成,因此应用不广泛,目前常用于选频放大或功率放大电路中。

第七节　放大电路中的负反馈

一、反馈的基本概念

1. 反馈的概念

在放大电路中,将输出量(电压或电流)的一部分或全部,经过一定的电路(反馈网络)反过来送回到输入端,并与原来的输入量(电压或电流)共同控制该电路,这种连接形式称为反馈。在电子线路中,反馈现象是普遍存在的。

反馈有正负之分。在放大电路中,通常引入负反馈以改善其性能,至于正反馈,常用于振荡电路中,放大电路中很少采用。

2. 反馈放大器

含有反馈电路的放大器称为反馈放大器。反馈放大器包括基本放大电路和反馈网络两部分,其组成框图如图 5 - 26 所示。

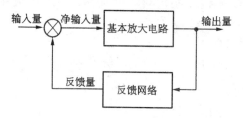

图 5 - 26　反馈放大器的组成框图

基本放大电路放大输入信号产生输出信号,而输出信号又经反馈网络反向传输到输入端,形成闭合环路,因此反馈放大器又称为闭环放大器,没有反馈的放大器又称为开环放大器。判断一个放大器是否存在反馈,主要是分析输出信号能否被送回输入端,即输入回路和输出回路之间是否存在反馈通路。若有反馈通路,则存在反馈,否则没有反馈。

3. 反馈的分类及判断

(1) 正反馈和负反馈。根据反馈极性的不同,可分为正反馈和负反馈。如果反馈信号加强输入信号,从而使输出信号增大,则放大倍数增大,这种反馈称为正反馈;反之,如果反馈信号削弱输入信号,从而使输出信号减小,则放大倍数减小,这种反馈称为负反馈。

判别反馈极性常采用瞬时极性法,先假定输入信号的瞬时极性为"＋",然后按先放大后反馈的传输途径,依据放大器在中频区的相位关系,依次得到各级放大器的输入、输出信号的瞬时极性,最后推出反馈信号的瞬时极性,从而判断反馈信号是加强还是削弱输入信号。若为加强(即净输入信号增大)则为正反馈,若为削弱(即净输入信号减小)则为负反馈。

(2) 直流反馈和交流反馈。在反馈电路中,如果反馈到输入端的信号是直流量,则为直流反馈;如果反馈到输入端的信号是交流量,则为交流反馈。判断直流反馈或交流反馈可以通过分析反馈信号是直流量或交流量来确定,也可以通过放大电路的交、直流通路来确定,即在直流通路中引入的反馈为直流反馈,在交流通路中引入的反馈为交流反馈。

例如,图 5 - 27a 所示电路中,由于 R_{e2} 两端并联电容 C_{e2},从而使交流信号被短路,所以该电路中只存在直流反馈。同理,图 5 - 27b 所示电路中只存在交流反馈。

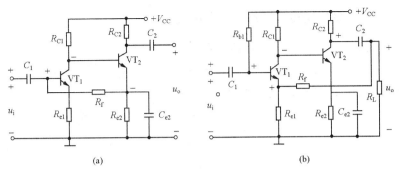

图 5 - 27　反馈的判断

（3）电压反馈和电流反馈。根据基本放大电路与反馈网络在输出端的连接方式不同，可分为电压反馈和电流反馈。如果基本放大电路与反馈网络在输出端并联，则反馈信号取自于输出电压，这种方式称为电压反馈；如果基本放大电路与反馈网络在输出端串联，则反馈信号取自于输出电流，这种方式称为电流反馈。

电压反馈或电流反馈的判断可采用短路法。假定把放大电路的负载短路，使 $u_o=0$，这时如果反馈信号为 0（即反馈不存在），则为电压反馈；如果反馈信号不为 0（即反馈仍然存在），则为电流反馈。例如，图 5 - 27a 所示电路中，若将输出端短路，反馈信号仍然存在，则为电流反馈；图 5 - 27b 所示电路中，负载短路后反馈信号为 0，则为电压反馈。

（4）串联反馈和并联反馈。根据基本放大电路与反馈网络在输入端的连接方式不同，可分为串联反馈和并联反馈。如果基本放大电路与反馈网络在输入端串联，则反馈信号对输入信号的影响通过电压相加减的形式反映出来，这种方式称为串联反馈；如果基本放大电路与反馈网络在输入端并联，则反馈信号对输入信号的影响通过电流相加减的形式反映出来，这种方式称为并联反馈。

串联反馈或并联反馈可根据反馈信号与输入信号在输入端的节点来判断。如果反馈信号与输入信号在输入端接在同一节点上，则为并联反馈；如果它们不在同一节点上，则为串联反馈。例如，图 5 - 27a 所示电路中，反馈信号与输入信号均接在 VT_1 管的基极，因此为并联反馈；图 5 - 27b 所示电路中，输入信号接在 VT_1 管的基极，而反馈信号接在 VT_1 管的发射极，因此为串联反馈。

二、负反馈放大器的一般表达式

如图 5 - 28 所示为负反馈放大器的结构框图,$\dot{X}_i$ 为输入信号,$\dot{X}_f$ 为反馈信号,$\dot{X}_i'$ 为净输入信号,$\dot{X}_o$ 为输出信号,$\dot{A}$ 为基本放大电路的放大倍数,$\dot{F}$ 为反馈网络的反馈系数。

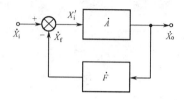

图 5 - 28　负反馈放大器的框图

由于在负反馈放大器中,反馈信号削弱输入信号,则

$$\dot{X}_i' = \dot{X}_i - \dot{X}_f \tag{5-32}$$

基本放大器的放大倍数(开环增益)为

$$\dot{A} = \frac{\dot{X}_o}{\dot{X}_i'} \tag{5-33}$$

反馈放大器的放大倍数(闭环增益)为

$$\dot{A}_f = \frac{\dot{X}_o}{\dot{X}_i} \tag{5-34}$$

反馈系数为

$$\dot{F} = \frac{\dot{X}_f}{\dot{X}_o} \tag{5-35}$$

由以上各式可得

$$\dot{X}_o = \dot{A}\dot{X}_i' = \dot{A}(\dot{X}_i - \dot{X}_f) = \dot{A}(\dot{X}_i - \dot{F}\dot{X}_o)$$

$$\dot{X}_o + \dot{A}\dot{F}\dot{X}_o = \dot{A}\dot{X}_i$$

因此可得

$$\dot{A}_f = \frac{\dot{X}_o}{\dot{X}_i} = \frac{\dot{A}}{1 + \dot{A}\dot{F}} \tag{5-36}$$

上式表明,引入负反馈后放大器的闭环放大倍数为开环放大倍数的 $1/(1+\dot{A}\dot{F})$。显然,引入负反馈前后放大倍数的变化与 $(1+\dot{A}\dot{F})$ 密切相关,因此 $|1+\dot{A}\dot{F}|$ 是衡量反馈程度的重要参量,称为反馈深度,用 D 表示,即

$$D = |1 + \dot{A}\dot{F}|$$

（1）若 $D>1$，则 $|\dot{A}_f|<|\dot{A}|$，即放大器引入反馈后放大倍数下降，说明电路引入的是负反馈。

（2）若 $D\gg1$，称为深度负反馈，则由式(5-36)可得

$$\dot{A}_f\approx\frac{1}{\dot{F}}\tag{5-37}$$

上式表明，在深度负反馈条件下，闭环放大倍数只取决于反馈系数，与基本放大电路几乎无关。

（3）若 $D<1$，则 $|\dot{A}_f|>|\dot{A}|$，即放大器引入反馈后放大倍数增大，说明电路引入的是正反馈。

三、负反馈对放大器性能的影响

负反馈虽然使放大器的放大倍数下降，却能改善其他方面的性能，如提高增益稳定性、扩展通频带、减小非线性失真、改变输入电阻和输出电阻等。

1. 提高增益稳定性

在电子产品的生产过程中，由于元器件参数的分散性，例如三极管 β 值的不同、电阻电容值的误差等，会使同一电路的增益产生变化，从而引起产品性能的较大差异，如收音机、电视机灵敏度的高低等。此外，负载、环境温度、电源电压的变化以及电路元器件的老化也会引起电路增益的变化。若在放大电路中引入负反馈，则可减小增益的相对变化量，从而提高增益的稳定性。

2. 扩展通频带

如图5-29所示，中频段放大器的开环增益 $|\dot{A}_o|$ 比较高，但开环时的

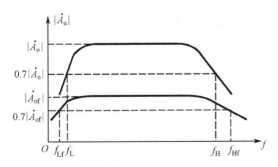

图 5-29　负反馈扩展通频带

通频带 $f_{bw} = f_H - f_L$ 相对较窄,而引入负反馈后,中频段放大器的闭环增益 $|\dot{A}_{of}|$ 比较低,但闭环时的通频带 $f_{bwf} = f_{Hf} - f_{Lf}$ 相对较宽。可见,引入负反馈可以扩展通频带。当然,这是以牺牲电路增益为代价的。

3. 减小非线性失真

由于电子器件的非线性特性,放大电路中总会存在一定的失真。如图 5 - 30a 所示,放大电路输出正负半周不对称的失真信号。引入负反馈后,如图 5 - 30b 所示,输出失真信号反馈到输入端,使得净输入信号也产生失真,经过放大后可以使输出信号的失真得到一定程度的补偿。从本质上说,负反馈是利用失真来减小失真,但不能消除失真。

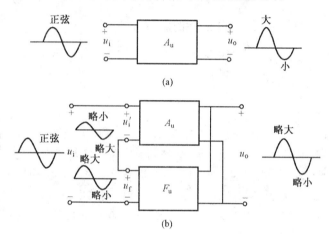

图 5 - 30　负反馈减小非线性失真

(a) 基本放大电路的非线性失真；(b) 负反馈减小非线性失真

4. 改变输入电阻和输出电阻

放大电路中引入负反馈后,对输入电阻和输出电阻都会产生影响。串联负反馈使输入电阻增大,并联负反馈使输入电阻减小;电压负反馈使输出电阻减小,电流负反馈使输出电阻增大。

第八节　功率放大电路

在实用的多级放大电路中,其末级均要求输出较大的功率以驱动负载。能够为负载提供足够大功率的放大电路称为功率放大电路,简称功放。

一、功率放大电路概述

1. 功率放大电路的特点

(1) 输出功率要大。功率放大电路的基本要求就是输出尽可能大的功率。为了获得较大的输出功率,要求功率放大管(简称功放管)既要输出足够大的电压,同时也要输出足够大的电流,因此管子往往接近于极限工作状态。

(2) 功率转换效率要高。功率放大电路的输出功率是由直流电源提供的。所谓效率就是指放大器的输出功率和直流电源供给功率的比值。显然,效率越高越好。效率越低,输出功率就越低,消耗在电路内部的损耗功率就越高,可能会使功率管过热而损坏。

(3) 非线性失真要小。功率放大电路工作在大信号状态,不可避免地会产生非线性失真。而同一功率管的输出功率越大,非线性失真就越严重。因此,减小非线性失真就成为功率放大电路的一个重要问题。

(4) 功放管的散热要好。由于功放管一般接近极限工作状态,功耗较大,温度较高,因此需要给它安装散热片,从而确保其工作安全。

2. 功率放大电路的工作状态

功率放大电路按功放管导通时间的长短可分为甲类、乙类和甲乙类,如图 5-31 所示。

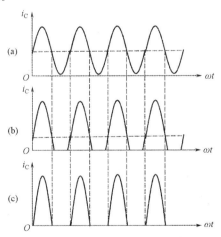

图 5-31　功率放大电路的三种工作状态
(a) 甲类;(b) 甲乙类;(c) 乙类

（1）甲类。在甲类工作状态下，功放管在整个信号周期内均导通，导通角为 360°。由于甲类功放通常具有合适的静态工作点，非线性失真较小，但静态功耗很大，效率较低。在理想情况下，甲类功放的最大效率只能达到 50%。

（2）乙类。在乙类工作状态下，功放管在整个信号周期内只有半个周期导通，导通角为 180°。乙类功放的静态工作点通常设置在截止区，输出信号只有一半，失真严重，但其静态功耗为 0，效率比甲类要高，最大效率可达 78.5%。

（3）甲乙类。甲乙类工作状态介于甲类和乙类之间，功放管在整个信号周期内有大半个周期导通，导通角大于 180° 小于 360°。甲乙类功放通常将静态工作点设置在放大区，但很接近截止区，效率较高。低频功率放大电路通常为甲乙类或乙类。

二、互补对称功率放大电路

1. 乙类互补对称功放

乙类功放管耗小，效率较高，但失真严重。若采用两只特性相同的功放管，使其在正负半周轮流工作，则可在负载上合成完整的波形，从而解决失真的问题。

1）电路组成　乙类互补对称功放如图 5 - 32a 所示，VT_1 和 VT_2 为参数对称的 NPN 型管和 PNP 型管，两管的基极和发射极分别连接在一起，信号从基极输入，从发射极输出。因此，该电路可以看成是由图 5 - 32b、c 两个射极输出器组合而成。

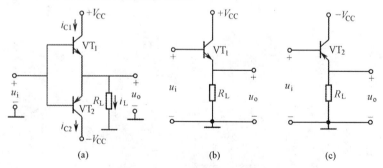

图 5 - 32　乙类互补对称功放

（a）乙类互补对称电路；（b）由 NPN 型管组成的射极输出器；

（c）由 PNP 型管组成的射极输出器

在无信号输入时,两个三极管都处于截止状态,静态工作电流为零;当信号处于正半周时,VT_1导通,VT_2截止,R_L上得到上半周信号;而当信号处于负半周时,VT_1截止,VT_2导通,R_L上得到下半周信号。因此,在整个输入信号周期内,两管轮流工作半个周期,负载R_L得到一个完整的正弦波信号。

2）性能分析　参见图5-32a,设晶体管是理想的,两管完全对称,其导通电压$U_{BE}=0$,放大电路最大输出电压幅度为V_{CC},最大输出电流幅度为V_{CC}/R_L,且在输出不失真时始终有$u_i=u_o$。

（1）输出功率P_o。设输出电压的幅值为U_{om},有效值为U_o;输出电流的幅值为I_{om},有效值为I_o。则

$$P_o = U_o I_o = \frac{U_{om}}{\sqrt{2}} \times \frac{I_{om}}{\sqrt{2}} = \frac{1}{2} I_{om}^2 R_L = \frac{U_{om}^2}{2R_L} \qquad (5-38)$$

当输入信号足够大,使$U_{om}=U_{im}\approx V_{CC}$时,可得最大输出功率

$$P_o = P_{om} = \frac{1}{2} \frac{U_{om}^2}{R_L} \approx \frac{V_{CC}^2}{2R_L} \qquad (5-39)$$

（2）管耗P_{VT}。由于VT_1和VT_2在一个信号周期内均为半周导通,因此VT_1的管耗为

$$P_{VT1} = \frac{1}{2\pi} \int_0^\pi u_{CE1} i_{C1} \, d(\omega t) = \frac{1}{R_L} \left(\frac{V_{CC} U_{om}}{\pi} - \frac{U_{om}^2}{4} \right) \quad (5-40)$$

则两管的总管耗为

$$P_{VT} = P_{VT1} + P_{VT2} = 2P_{VT1} = \frac{2}{R_L} \left(\frac{V_{CC} U_{om}}{\pi} - \frac{U_{om}^2}{4} \right) \qquad (5-41)$$

由上式可以证明,当$U_{om}=\dfrac{2}{\pi}V_{CC}\approx 0.6V_{CC}$时,管耗达到最大值

$$P_{VT1m} = \frac{2}{\pi^2} \frac{V_{CC}^2}{R_L} \approx 0.4 P_{om} \qquad (5-42)$$

（3）直流电源供给功率P_V。显然,直流电源供给的功率P_V应为输出功率P_o与损耗功率P_{VT}之和,即

$$P_V = P_o + P_{VT} = \frac{2V_{CC} U_{om}}{\pi R_L} \qquad (5-43)$$

当U_{om}达到最大值,即$U_{om}\approx V_{CC}$时,电源供给功率为最大值

$$P_{Vm} = \frac{2}{\pi} \frac{V_{CC}^2}{R_L} \approx 1.27 P_{om} \qquad (5-44)$$

（4）效率 η。由效率的定义可得

$$\eta = \frac{P_o}{P_V} = \frac{\pi}{4} \frac{U_{om}}{V_{CC}} \quad (5-45)$$

当 $U_{om} \approx V_{CC}$ 时，效率达到最大

$$\eta_m = \frac{P_{om}}{P_{Vm}} = \frac{\pi}{4} \approx 78.5\% \quad (5-46)$$

3）功放管的选择

（1）每只功放管的最大允许管耗 $P_{CM} > 0.2P_{om}$。

（2）当一管导通时，另一管集-射极间承受的最大电压为 $2V_{CC}$。因此，要求功放管的击穿电压 $|U_{(BR)CEO}| > 2V_{CC}$。

（3）每只功放管的最大集电极电流为 V_{CC}/R_L，因此，要求其最大允许的集电极电流 $I_{CM} > V_{CC}/R_L$。

4）乙类功放中的失真　图 5-33a 所示的乙类互补对称功放在实际应用中存在一些问题，由于晶体管没有直流偏置，因此只有当输入电压大于晶体管导通电压时才有输出信号，否则 VT_1 和 VT_2 都截止，负载上无电流通过，出现一段死区，如图 5-33b 所示，这种现象称为交越失真。解决这一问题的办法就是预先给晶体管提供一较小的基极偏置电流，使晶体管在静态时处于微弱导通状态，即甲乙类状态。

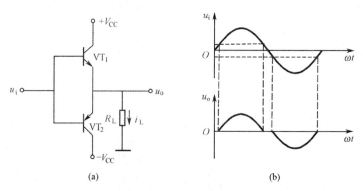

图 5-33　乙类功放的失真

（a）电路；（b）交越失真

2. 甲乙类互补对称功放

图 5-34a 所示为采用二极管进行偏置的甲乙类互补对称功放。该电路中，VD_1、VD_2 上产生的压降为互补输出级 VT_1、VT_2 提供了一个适当的偏压，使之处于微导通的甲乙类状态。在电路对称时，仍可保持负载

R_L 上的直流电压为 0，且 VD_1、VD_2 导通后的交流电阻较小，对放大电路的影响很小。

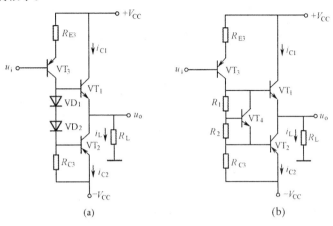

图 5 - 34　甲乙类互补对称功放

（a）利用二极管进行偏置；（b）利用恒压源电路进行偏置

　　采用二极管进行偏置的缺点是偏置电压不易调整。图 5 - 34b 所示为利用恒压源电路进行偏置的甲乙类互补对称功放。该电路中，由于流入 VT_4 的基极电流远小于流过 R_1、R_2 的电流，因此可求出为 VT_1、VT_2 提供偏压的 VT_4 管的 $U_{CE4} = (1 + R_1/R_2)U_{BE4}$，而 VT_4 管的 U_{BE4} 基本为一固定值，即 U_{CE4} 相当于一个不受交流信号影响的恒定电压源，只要适当调节 R_1、R_2 的比值，就可改变 VT_1、VT_2 的偏压。

第六章　集成运算放大电路及测试

第一节　集成电路概述

一、集成电路的发展与应用

在半导体制造工艺的基础上,把整个电路中的元器件制作在一块硅基片上,构成特定功能的电子电路,称为集成电路(integrated circuit, IC)。集成电路体积小,但性能优越,因此其发展速度极为惊人。目前集成电路的应用几乎遍及所有产业的各种产品中。例如,在导弹、卫星、战车、舰船、飞机等军事装备中;在数控机床、仪器仪表等工业设备中;在通信设备和计算机中;在音响、电视、录像机、洗衣机、电冰箱、空调等家用电器中都采用了集成电路。

近几十年来,随着微电子制造技术的不断进步,集成电路得到了同步的惊人的发展。一般认为集成电路的发展经历了四个阶段:小规模集成电路(SSI)、中规模集成电路(MSI)、大规模集成电路(LSI)和超大规模集成电路(VLSI)。以目前的制造技术,已能在一小块硅基片上制作(光刻)出上亿个元器件。

二、集成电路的分类

集成电路的种类很多,分类方法主要有以下几种:

(1) 按集成度的高低,集成电路可分为小规模、中规模、大规模和超大规模四类。

(2) 按导电类型的不同,集成电路可分为双极型(即 BJT 型)集成电路和单极型(即 MOS 型)集成电路。

(3) 按功能的不同,集成电路可分为模拟集成电路和数字集成电路两大类。模拟集成电路又可分为线性集成电路和非线性集成电路。在模拟集成电路中,集成运算放大器是应用极为广泛的一种,也是其他各类模拟集成电路应用的基础。集成运算放大器属于线性集成电路。

常见集成电路的封装形式主要有圆壳式、双列直插式、单列直插式、扁平式等,封装的材料有塑料、陶瓷、金属等,外形如图6-1所示。

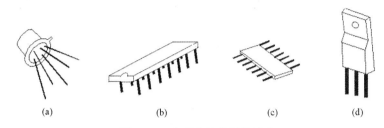

(a)   (b)   (c)   (d)

图6-1 集成电路的封装形式

(a) 圆壳式;(b) 双列直插式;(c) 扁平式;(d) 单列直插式

第二节 集成运算放大器

集成运算放大器是模拟集成电路中应用最为广泛的一种,集成运算放大器实质上是一种双端输入、单端输出,具有高增益、高输入阻抗、低输出阻抗的多极直接耦合放大电路。当给其施加不同的反馈网络时,就能实现模拟信号的多种数学运算功能(如比例、求和、求差、积分、微分……),故被称为集成运算放大器(operational amplifier),简称集成运放。但随着集成电路的迅速发展,运算放大电路的用途早已不局限于数的运算,而更多地用于自动控制、检测等仪表装置中,但仍沿用了运算放大器(简称运放)的名称。

随着集成电路技术的发展,集成运放的性能越来越好。目前集成运放的发展方向是更低的漂移、噪声和功耗,更高的速度、增益和输入电压,更大的输出功率等。

一、集成运放及其基本组成

集成运放的类型很多,电路也不尽相同,但结构具有共同之处,其一般的内部组成原理框图如图6-2所示,它主要由输入级、中间级和输出级组成。输入级主要由差动放大器构成,以减小运放的零漂和其他方面的性能,它的两个输入端分别构成整个电路的同相输入端和反相输入端。中间级的主要作用是获得高的电压增益,一般由一级或多级放大器构成。

输出级一般由电压跟随器(电压缓冲放大器)或互补电压跟随器组成,以降低输出电阻,提高运放的带负载能力和输出功率。偏置电路则为各级提供合适的工作点及能源。此外,为获得电路性能的优化,集成运放内部还增加了一些辅助环节,如电平移动电路、过载保护电路和频率补偿电路等。

图 6 - 2   集成运放的组成框图

二、集成运放的电路符号

集成运放有两个输入端,分别称为同相输入端 u_P 和反相输入端 u_N;一个输出端 u_o。集成运放的电路符号如图 6 - 3 所示。其中的"一"、"十"分别表示反相输入端和同相输入端。

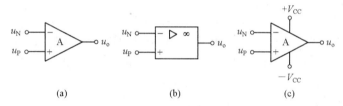

图 6 - 3   集成运放的电路符号

(a)国际流行符号;(b)国标符号;(c)有电源引脚的国际流行符号

三、集成运放的基本特性

1. 集成运放的电压传输特性

集成运放的输出电压与输入电压差(同相输入端和反相输入端之间的差值电压)之间的关系曲线称为电压传输特性,对于正、负两路电源供电的工作在开环状态的集成运放,电压传输特性如图 6 - 4 所示。

从特性曲线图中可以看出,集成运放分为线性放大区(称为线性区)和饱和区(称为非线性区)两部分。在线性区,输出电压与输入电压差呈线性关系,曲线的斜率即为电压放大倍数 A_{od}。即 $u_o = A_{od}(u_P - u_N)$。在非线性区,输出电压只有两种可能值,$+U_{OM}$ 或 $-U_{OM}$。

由于开环电压放大倍数 A_{od} 很高(一般可达 10^5),输入很小的信号也足以使输出电压饱和,另外干扰信号也会使输出难于稳定。所以集成运放开环工作的线性区很窄,通常在毫伏级以下。为了使输入大信号的情况下,集成运放也能工作在线性区,就必须在运放电路中加入负反馈。

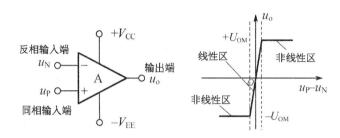

图 6-4　集成运放的电压传输特性

2. 集成运放的工作状态特点

根据以上分析可知,如运放电路中存在负反馈,那么输出与输入满足线性关系,称运放工作在线性区。否则工作在开环状态(即没有引入反馈)或正反馈状态,称运放工作在非线性区。

1) 集成运放工作在线性区的特点

(1) 集成运放两输入端的净输入电压 $u_i = 0$。即 $u_i = u_P - u_N = 0$,故

$$u_N = u_P \tag{6-1}$$

如图 6-5 所示运放电路(反馈极性为负反馈)中由于其开环放大倍数 A_{od} 很高,而集成运放的输出为有限值,则必有 $u_i = 0$ 的结果。集成运放两个输入端之间的电压几乎为 0,如同两点短路,但是实际上并未真正被短路,只是表面上似乎短路,因此是虚假的短路,称为"虚短"。

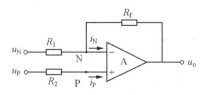

图 6-5　集成运放引入负反馈

(2) 集成运放的两输入端电流均为零,即

$$i_N = i_P = 0 \qquad (6-2)$$

这时由于集成运放的差模输入电阻 r_{id} 很大,故可认为两个输入端的输入电流为零。

式(6-2)说明集成运放的两个输入端没有断路,却具有与断路相同的特征,这种情况称为两个输入端"虚断路",简称"虚断"。

对于工作在线性区的运放,"虚短"和"虚断"是非常重要的两个概念,这两个概念是分析运放电路输入信号和输出信号关系的两个基本关系式。

2)集成运放工作在非线性区的特点

(1)输出电压 u_o 只有两种可能的情况:当 $u_P - u_N > 0$ 时,u_o 为 $+U_{OM}$;当 $u_P - u_N < 0$ 时,u_o 为 $-U_{OM}$。

(2)由于集成运放的差模输入电阻非常大,故净输入电流为零,即 $i_P = i_N = 0$。由此可见,集成运放仍具有"虚断"的特点,但其净输入电压不再为零,而是取决于电路的输入信号。

对于工作在非线性区的运放应用电路,上述两个特点是分析其输入信号和输出信号关系的基本出发点。

四、理想集成运放

为了便于分析,通常将集成运放看成理想集成运放,所谓理想集成运放,就是将实际的集成运放性能指标理想化。理想运放具有以下理想参数:

(1)开环电压增益 $A_{od} \to \infty$。

(2)差模输入电阻 $r_{id} \to \infty$。

(3)输出电阻 $r_{od} = 0$。

(4)共模抑制比 $K_{CMR} \to \infty$。

(5)开环带宽 $f_H \to \infty$。

(6)转换速率 $S_R \to \infty$。

(7)输入端的偏置电流 $I_{BN} = I_{BP} = 0$。

(8)干扰和噪声均不存在。

在一定的工作参数和运算精度要求范围内,采用理想运放进行设计或分析的结果与实际情况相差很小,误差可以忽略,却大大简化了设计或分析过程。

第三节 集成运算放大器的应用

运用运算放大器实现的基本运算有比例、加减、积分、微分、对数、指数、乘法和除法等。进行运算时，输出量一定要反映输入量的某种运算结果，即输出电压要在一定范围变化，所以运算放大器必须工作在线性区。下面介绍几种常用电路。

一、比例运算电路

1. 反相输入比例运算电路

图 6-6 所示为反相输入比例运算电路。R_f 为反馈电阻，R_1、R_P 为输入端电阻。该电路引入了电压并联负反馈。

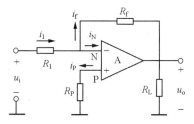

图 6-6　反相输入比例运算电路

由前述的运放工作在线性区的两个特点（虚短和虚断）可知

$$u_N = u_P = 0（虚短）$$

$$i_N = i_P = 0（虚断）$$

得

$$i_1 = i_f = 0$$

因此有

$$\frac{u_i - 0}{R_1} = \frac{0 - u_o}{R_f}$$

整理得

$$u_o = -\frac{R_f}{R_1} u_i \qquad (6-3)$$

闭环电压放大倍数为

$$A_{uf} = \frac{u_o}{u_i} = -\frac{R_f}{R_1} \qquad (6-4)$$

由式（6-4）可知，u_o 与 u_i 成比例关系，比例系数为 $-R_f/R_1$，负号表示 u_o 与 u_i 反相，比例系数的数值可以是大于、等于或小于 1 的任何值。该电路实现了输出电压和输入电压之间的反相运算,当 R_f 和 R_1 确定后,u_o 与 u_i 之间的比例关系也就确定了,因此该电路称为反相输入比例运算电路。由于电阻的精度以及稳定性很高,所以 A_{uf} 很稳定。

当 $R_1 = R_f$ 时,$A_{uf} = -1$,$u_o = -u_i$,这时的电路称为反相器。

在实际电路中,为减小温漂提高运算精度,保持运放输入级差动放大电路的对称性,同相端必须加接平衡电阻(其他电路类同)。该电路中平衡电阻阻值应为 $R_P = R_1 // R_f$。

2. 同相输入比例运算电路

同相输入比例运算电路如图 6-7 所示,图中,R_f 为反馈电阻;R_1、R_P 为输入端电阻,R_P 起限流保护作用。该电路的反馈类型为电压串联深度负反馈。故可认为输入电阻为无穷大,输出电阻为零。

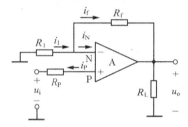

图 6-7 同相输入比例运算电路

由于前述的运放工作在线性区的两个特点(虚短和虚断)可知

$$i_N = i_P = 0(虚断)$$

$$u_P = u_N = u_i(虚短)$$

因此有

$$\frac{0 - u_i}{R_1} = \frac{u_i - u_o}{R_f}$$

整理得

$$u_o = \left(1 + \frac{R_f}{R_1}\right) u_i \qquad (6-5)$$

闭环电压放大倍数为

$$A_{uf} = \left(1 + \frac{R_f}{R_1}\right) \qquad (6-6)$$

由式(6-6)可知,该电路实现了输出电压和输入电压之间的同相运算,因此该电路称为同相输入比例运算电路。

若将图 6-7 中的 R_f 短路,或将 R_1 开路时,得

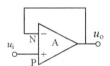

图 6-8 电压跟随器

图 6-8 所示电路,此时电路的输出电压等于电路的输入电压,称此电路为电压跟随器。

二、加法和减法运算电路

1. 加法运算电路

图 6-9 所示加法运算电路接成反相放大器,它属于多端输入的电压并联负反馈电路。对反相输入节点可写出下面的方程式。

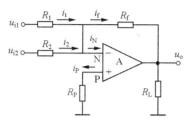

图 6-9　加法运算电路

由于 $i_N = 0$(虚断)得 N 点的电流方程为

$$i_f = i_1 + i_2$$

即

$$\frac{u_{i1} - u_N}{R_1} + \frac{u_{i2} - u_N}{R_2} = \frac{u_N - u_o}{R_f} \qquad (6-7)$$

又由"虚短"的概念可知 $u_N = u_P$(虚短),$u_P = 0$ 时,$u_N = 0$。

所以

$$\frac{u_{i1} - 0}{R_1} + \frac{u_{i2} - 0}{R_2} = \frac{0 - u_o}{R_f} \qquad (6-8)$$

整理得

$$u_o = -R_f \left(\frac{u_{i1}}{R_1} + \frac{u_{i2}}{R_2} \right) \qquad (6-9)$$

这就是加法运算的表达式,式中负号是因反相输入所引起的。若取 $R_1 = R_2 = R_f$,则式(6-9)变为

$$u_o = -(u_{i1} + u_{i2}) \qquad (6-10)$$

如在图 6-9 的输出端再接一级反相电路,则可消去负号,实现完全符合常规的算术加法。图 6-9 所示的加法电路可以扩展到多个输入电压相加。加法电路也可以利用同相放大电路组成。

2. 减法运算电路

(1) 利用反相信号求和以实现减法运算。图 6-10 所示电路第一级为反相比例放大电路,若 $R_{f1} = R_1$,则 $u_{o1} = -u_{i1}$;第二级为反相加法电路,则可导出

$$u_o = -\frac{R_{f2}}{R_2}(u_{o1} + u_{i2}) = \frac{R_{f2}}{R_2}(u_{i1} - u_{i2}) \qquad (6-11)$$

若 $R_2 = R_{f2}$，则式(6-11)变为

$$u_o = u_{i1} - u_{i2} \qquad (6-12)$$

由式(6-12)知，图6-10所示电路输出电压与两输入电压之差($u_{i1} - u_{i2}$)为线性关系，故称为减法运算电路。

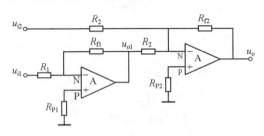

图6-10　减法运算电路(一)

(2) 利用差动式电路以实现减法运算。图6-11所示是用来实现两个电压 u_{i1}、u_{i2} 相减的电路，两个输入信号分别加到集成运放的反相输入端和同相输入端，相当于差动输入方式。

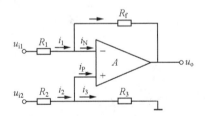

图6-11　减法运算电路(二)

利用"虚短"和"虚断"的概念，可以得到

$$\frac{u_{i1} - u_N}{R_1} = \frac{u_N - u_o}{R_f} \qquad (6-13)$$

及

$$\frac{u_{i2} - u_P}{R_2} = \frac{u_P}{R_3} \qquad (6-14)$$

整理可得

$$u_o = \left(\frac{R_1 + R_f}{R_1}\right)\left(\frac{R_3}{R_2 + R_3}\right)u_{i2} - \frac{R_f}{R_1}u_{i1}$$

在上式中,如果选取电阻值满足 $R_f//R_1 = R_3//R_2$ 的关系,输出电压可简化为

$$u_o = \frac{R_f}{R_2}u_{i2} - \frac{R_f}{R_1}u_{i1} \qquad (6-15)$$

即输出电压 u_o 与两输入电压之差($u_{i2} - u_{i1}$)成比例,故称减法电路。当 $R_f = R_1 = R_2$ 时,$u_o = u_{i2} - u_{i1}$。

3. 简单电压比较器

当运算放大器工作在开环或正反馈状态时,运放的增益很高,故只要在输入端有一个非常微小的差值信号,就会使输出电压达到极限值,即输出高电平或低电平,因此集成运放主要工作在非线性区。

电压比较器是将输入的模拟信号和基准电压(参考电压 U_{REF})进行比较,比较的结果(大或小)通常由输出的高电平 U_{OH} 或低电平 $-U_{OL}$ 来表示。

简单电压比较器的基本电路如图 6-12a 所示,其反相输入端接参考电压 U_{REF}。同相输入端接输入信号 u_i。该电路属于同相输入电压比较器。显然电路中的运放工作在开环状态。

由于运放工作在开环状态,依据运算放大器工作在非线性状态的特点可知,只要输入信号 $u_i < U_{REF}$,输出即为低电平 $u_o = -U_{OL}$;只要 $u_i > U_{REF}$,输出即为高电平 $u_o = U_{OH}$。其输出电压和输入电压的关系称为传输特性,如图 6-12b 中所示。

在电压比较器中,通常把使输出电压从一个电平跳变到另一个电平时对应的临界输入电压称为阈值电压或门限电压,简称阈值,用符号 U_{TH} 表示。对简单比较器,有 $U_{TH} = U_{REF}$。

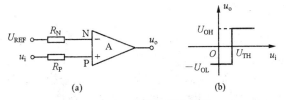

图 6-12　简单电压比较器

若参考电压 U_{REF} 为 0,即反向输入端接地,如图 6-13a 所示,称过零比较器。当 $u_i > 0$ 时,电压比较器输出高电平;当 $u_i < 0$ 时,电压比较器输出低电平。电路的传输特性如图 6-13b 所示。

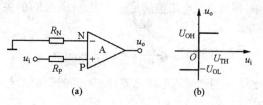

图 6 - 13　过零电压比较器

在实际应用中,为了使运放的输出电压和负载电压相配合,需要限制运放输出端的电压幅值。具体方法是在比较器的输出端接入双向击穿二极管 VD 进行双向限幅,如图 6 - 14 所示,R_Z 为双向击穿二极管限流电阻,当 $u_i > U_{REF}$,输出即为高电平 $u_o = +U_Z$;当 $u_i < U_{REF}$,输出即为低电平 $u_o = -U_Z$。

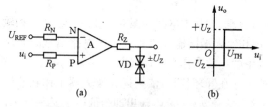

图 6 - 14　限幅的简单电压比较器

利用过零比较器可以把正弦波变为方波(正、负半周对称的矩形波)。

第四节　集成运算电路的测试

一、操作要领

1. 集成运放器件的引脚识别

集成运放的外形通常有三种:双列直插式、圆壳式和扁平式,如图 6 - 15 所示,其中以双列直插式最为常见。集成运放引出脚的多少取决于它内部电路的功能,使用时必须注意引脚排列顺序及各脚的功能,认真查对识别集成电路的引脚,确认电源、地、输出、输入、控制等的引脚号,以免因错接而损坏器件。

下面以 CF741(μA741)双列直插式集成运放为例,说明集成器件引脚的识别方法及其功能。图 6 - 16 为 CF741 集成运放的正面放置及其引

图 6-15 集成运放的外形

(a) 双列直插式; (b) 圆壳式; (c) 扁平式

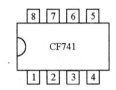

图 6-16 CF741 集成运放引脚排列

脚排列。将集成块印有型号标记的一面对着使用者,凹口朝左,左下角第1脚为1脚,按逆时针方向顺序排列其引脚号,各引脚的功能如下:

引脚1、5——失调调零端。

引脚2——反相输入端。如果由该端与地之间接入输入信号,那么输出信号与输入信号是反相的。

引脚3——同相输入端。如果由该端与地之间接入输入信号,那么输出信号与输入信号是同相的。

引脚4——负电源端,外接负电源($-U_{EE}$)。

引脚6——输出端。

引脚7——正电源端,外接正电源($+U_{CC}$)。

引脚8——空脚。

在使用集成运放时,常常用万用表对集成运放器件性能好坏进行检测和判断。其方法是:用万用表电阻挡("R×100"或"R×1k"挡)检测同相输入端与反相输入端间的正、反向电阻;检测正、负电源、各输入端对输出端间的电阻,一般不应出现短路和断路,如发现电阻为无穷大或为零,则表明集成运放器件已经损坏。

2. 集成运放电路的静态调试

运放电路使用前,先要进行静态调试,即消振和调零。

1)电路的消振 集成运放是一个高放大倍数的多级直接耦合放大电路。由于晶体管的极间电容和电路分布电容等影响,会引起自激振荡,造成电路工作不稳定。因此必须消除自激振荡后,电路方能正常工作。

消振的方法是:

(1) 按器件手册要求接好补偿电路(通常为 RC 网络)。本实验采用的 CF741 集成运放为内补偿运放,即在工艺上已将相位补偿电容集成在芯片上,故无须再另接补偿电路。

(2) 电源旁路措施。可在电源正、负端与地之间分别并接上几十微法的电解电容和 $0.01\sim0.1\mu F$ 的陶瓷电容。

(3) 在调试时要注意,反馈极性不能接错,反馈不能太强,接线不要太长。

2) 电路的调零　集成运放在闭环工作时,当输入为零,其输出也应为零。由于集成运放输入失调电压的存在,故需对运放进行调零。调零的方法是:

(1) 在集成运放引脚 1 和 5 之间接入一只几十千欧的调零电位器并将滑动触头连接到负电源端,如图 6-17 所示。

(2) 输入端对地短路,使输入电压 $u_i=0$,调节调零电位器,用万用表电压挡检测输出电压 u_o,并随着调节逐步减小量程挡级,直到 1V 挡指示值也为零为止。

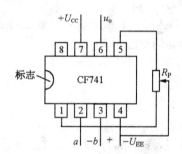

图 6-17　CF741 外接线图

二、操作步骤

1. 反相比例运算电路

按图 6-18 连接实验电路(元件参数为:$R_1=10k\Omega$,$R_f=100k\Omega$,$R_P=9.1k\Omega$),检查无误后,接通正、负对称电源电压(15V 电源),进行消振和调零。

输入端分别输入 $f=30Hz$,$U_{i1}=0.2V$,$U_{i2}=0.3V$ 的信号电压,然后用交流毫伏表测量相应的输出电压 U_o 值,并用示波器观察 U_o 和 U_i 的相位。

2. 同相比例运算电路

按图 6-19 连接实验电路(元件参数为: $R_1 = 10\text{k}\Omega$, $R_f = 100\text{k}\Omega$, $R_P = 9.1\text{k}\Omega$),检查无误后,接通正、负对称电源电压(15V 电源),进行消振和调零。

输入端分别输入 $f = 30\text{Hz}$, $U_{i1} = 0.2\text{V}$, $U_{i2} = 0.3\text{V}$ 的信号电压,然后用交流毫伏表测量相应的输出电压 U_o 值,并用示波器观察 U_o 和 U_i 的相位。

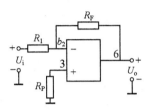

图 6-18　反相比例运算电路

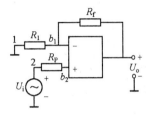

图 6-19　同相比例运算电路

第七章 数字电路基础及测试

第一节 数制和码制

一、数制

数制是一种计数的方法。在不同的数制中,数的进位方式和计数方法各不相同。常用的数制有十进制数、二进制数、八进制数和十六进制数。

1. 十进制数

十进制数有 0、1、2、3、4、5、6、7、8、9 这 10 个数码,所以计数的基数为 10。高位和低位之间的计数规则是"逢十进一、借一当十",因此称为十进制数。同一数码在不同位置上表示的数值不同。例如:

$$(123.45)_{10} = 1 \times 10^2 + 2 \times 10^1 + 3 \times 10^0 + 4 \times 10^{-1} + 5 \times 10^{-2}$$

其中括号下标"10"表示十进制数,也可以用"D"表示。等式右边的 10^2、10^1、10^0、10^{-1}、10^{-2} 称为十进制数各位的"权"。

任意一个十进制数 $(N)_D$ 都可以写成按权展开式

$$(N)_D = D_{n-1} \times 10^{n-1} + D_{n-2} \times 10^{n-2} + \cdots + D_1 \times 10^1 + D_0 \times 10^0 +$$
$$D_{-1} \times 10^{-1} + D_{-2} \times 10^{-2} + \cdots + D_{-m} \times 10^{-m} \qquad (7-1)$$
$$= \sum_{i=-m}^{n-1} D_i \times 10^i$$

式中,D_i 代表第 i 位的系数,可以取 $0 \sim 9$ 这 10 个数码中的任意一个;10^i 代表第 i 位的权位。

2. 二进制数

二进制数只有 0 和 1 两个数码,所以计数的基数为 2。高位和低位之间的计数规则是"逢二进一、借一当二"。同一数码在不同位置上表示的数值不同。例如:

$$(1101.01)_2 = 1 \times 2^3 + 1 \times 2^2 + 0 \times 2^1 + 1 \times 2^0 + 0 \times 2^{-1} + 1 \times 2^{-2}$$

其中括号下标"2"表示二进制数,也可以用"B"表示。等式右边的
2^3、2^2、2^1、2^0、2^{-1}、2^{-2}称为二进制数各位的"权"。

任意一个二进制数$(N)_B$都可以写成按权展开式

$$(N)_B = B_{n-1} \times 2^{n-1} + B_{n-2} \times 2^{n-2} + \cdots + B_1 \times 2^1 + B_0 \times 2^0 +$$
$$B_{-1} \times 2^{-1} + B_{-2} \times 2^{-2} + \cdots + B_{-m} \times 2^{-m} \qquad (7-2)$$
$$= \sum_{i=-m}^{n-1} B_i \times 2^i$$

式中,B_i代表第i位的系数,只能取 0 或 1;2^i代表第i位的权位。

3. 八进制数

八进制数有 0、1、2、3、4、5、6、7 这 8 个数码,所以计数的基数为 8。高
位和低位之间的计数规则是"逢八进一、借一当八"。同一数码在不同位
置上表示的数值不同。例如:

$$(321.76)_8 = 3 \times 8^2 + 2 \times 8^1 + 1 \times 8^0 + 7 \times 8^{-1} + 6 \times 8^{-2}$$

其中括号下标"8"表示八进制数,也可以用"O"表示。等式右边的
8^2、8^1、8^0、8^{-1}、8^{-2}称为八进制数各位的"权"。

任意一个八进制数$(N)_O$都可以写成按权展开式

$$(N)_O = O_{n-1} \times 8^{n-1} + O_{n-2} \times 8^{n-2} + \cdots + O_1 \times 8^1 + O_0 \times 8^0 +$$
$$O_{-1} \times 8^{-1} + O_{-2} \times 8^{-2} + \cdots + O_{-m} \times 8^{-m} \qquad (7-3)$$
$$= \sum_{i=-m}^{n-1} O_i \times 8^i$$

式中,O_i代表第i位的系数,可以取 $0\sim7$ 这 8 个数码中的任意一个;8^i代
表第i位的权位。

4. 十六进制数

十六进制数有 0、1、2、3、4、5、6、7、8、9 和 A、B、C、D、E、F 这 16 个数
码,所以计数的基数为 16。高位和低位之间的计数规则是"逢十六进一、
借一当十六"。同一数码在不同位置上表示的数值不同。例如:

$$(5CA.4F)_{16} = 5 \times 16^2 + 12 \times 16^1 + 10 \times 16^0 + 4 \times 16^{-1} + 15 \times 16^{-2}$$

其中括号下标"16"表示十六进制数,也可以用"H"表示。等式右边
的 16^2、16^1、16^0、16^{-1}、16^{-2}称为十六进制数各位的"权"。

任意一个十六进制数$(N)_H$都可以写成按权展开式

$$(N)_H = H_{n-1} \times 16^{n-1} + H_{n-2} \times 16^{n-2} + \cdots + H_1 \times 16^1 + H_0 \times 16^0 +$$
$$H_{-1} \times 16^{-1} + H_{-2} \times 16^{-2} + \cdots + H_{-m} \times 16^{-m} \qquad (7-4)$$
$$= \sum_{i=-m}^{n-1} H_i \times 16^i$$

式中，H_i 代表第 i 位的系数，可以取 $0\sim9$ 和 A～F 这 16 个数码中的任意一个；16^i 代表第 i 位的权位。

二、数制转换

1. 任一进制数转换为十进制数

转换方法：将任一进制数按权展开，然后按十进制数的计数规律相加。

2. 十进制数转换为二进制数

十进制数分为整数部分和小数部分，需要分别进行转换。

（1）整数部分转换。转换方法：除以 2 逆序取余法。即将十进制数整数部分除以 2 取余数，把余数逆序排列得到相应的二进制数。

（2）小数部分转换。转换方法：乘以 2 顺序取整法。即将十进制数小数部分乘以 2 取整数，把整数顺序排列得到相应的二进制数。

3. 二进制数与八进制数之间的转换

（1）二进制数转换为八进制数。转换方法：每 3 位二进制数转换为 1 位八进制数。即以小数点为基准，整数部分自小数点向左每 3 位一组，最高位不足 3 位时用 0 补足，小数部分自小数点向右每 3 位一组，最低位不足 3 位时用 0 补足，然后对应写出每组的八进制数，即得到了对应的八进制数。

（2）八进制数转换为二进制数。转换方法：每 1 位八进制数转换为 3 位二进制数。

4. 二进制数与十六进制数之间的转换

（1）二进制数转换为十六进制数。转换方法：每 4 位二进制数转换为 1 位十六进制数。即以小数点为基准，整数部分自小数点向左每 4 位一组，最高位不足 4 位时用 0 补足，小数部分自小数点向右每 4 位一组，最低位不足 4 位时用 0 补足，然后对应写出每组的十六进制数，即得到了对应的十六进制数。

（2）十六进制数转换为二进制数。转换方法：每 1 位十六进制数转换为 4 位二进制数。

三、码制

用数字、文字、符号等表示特定对象的过程称为编码。在数字系统中，往往用二进制代码表示某种信息或某个数值的大小。如用 4 位二进制来表示 1 位十进制的编码方法称为二-十进制代码（binary coded decimal），简称 BCD 码。表 7-1 列出了四种形式常见的 BCD 码。

表 7-1　常用 BCD 码

十进制数	8421BCD 码	2421BCD 码	余 3 码	格雷码
0	0000	0000	0011	0000
1	0001	0001	0100	0001
2	0010	0010	0101	0011
3	0011	0011	0110	0010
4	0100	0100	0111	0110
5	0101	0101	1000	0111
6	0110	0110	1001	0101
7	0111	0111	1010	0100
8	1000	1110	1011	1100
9	1001	1111	1100	1101

1. 8421BCD 码

8421BCD 编码是 BCD 编码中使用最多的一种编码形式，是有权码。从高位到低位，其四位的权分别是 8、4、2、1。

2. 2421BCD 码

2421 码也是一种有权码，从高位到低位的权分别是 2、4、2、1。

2421 的权展开式可写成：$a_4a_3a_2a_1 = a_4 \times 2 + a_3 \times 4 + a_2 \times 2 + a_1 \times 1$。

从表 7-1 可以看出，在 2421BCD 码中，相加为 9 的两个数互为反码。

3. 余 3 码

余 3 码是一种无权码。它是在 8421BCD 码上加 0011 得到的，所以称为余 3 码。

从表 7-1 可以看出，和 2421BCD 码一样，余 3 码中相加为 9 的两个数也互为反码。

4. 格雷码

格雷码又称为循环码，它的特点是任意两个相邻的数码之间，仅有一位二进制数码不同，其余各位数码都相同。格雷码是一种可靠性代码，但格雷码的值不能由其各位的二进制码权决定，因此它是一种无权码。

第二节　基本逻辑关系

逻辑代数是用来处理逻辑运算的代数,其变量称为逻辑变量,逻辑变量有两种取值,即逻辑 0 和逻辑 1。在这里,0 和 1 反映的不是数值关系,没有大小区别,而是表示对立的逻辑状态。例如:命题的真假,信号的有无,电位的高低等。

在逻辑代数中,有三种基本逻辑运算:与、或、非。任何复杂的运算都可以用这三种基本逻辑运算表示。

一、"与"逻辑

"与"逻辑电路如图 7 - 1a 所示。只有当开关 A 和 B 同时闭合时,灯才会亮;A 和 B 有一个没有闭合,灯就不亮。其功能表如图 7 - 1b 所示。因此可以总结出的逻辑关系为:只有当一个事件的几个条件全部具备(开关 A、B 都闭合)时,该事件(灯亮)才发生,或简记成:"全 1 出 1,有 0 出 0"。这种逻辑关系称为"与"逻辑。

如果用二值逻辑 0 和 1 来表示,并设开关断开和灯不亮均用 0 表示,开关闭合和灯亮用 1 表示,"与"逻辑的真值表如图 7 - 1c 所示。其中 F 表

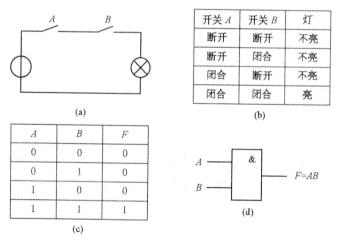

图 7 - 1　"与"逻辑运算

(a) 电路图;(b) 功能表;(c) 与运算真值表;(d) 与门逻辑符号

示灯的状态,用逻辑表达式来描述,可写为

$$F=A \cdot B=AB \tag{7-5}$$

式中,小圆点"·"表示与运算,也称为逻辑乘。在不引起混淆的前提下,乘号"·"可以省略。在某些文献里,也有用符号 $\wedge$、$\cap$ 表示与运算。

与门的逻辑符号如图 7-1d 所示。

二、"或"逻辑

"或"逻辑电路如图 7-2a 所示。只要开关 A 或 B 闭合,则灯亮,A 和 B 都断开,则灯不亮。其功能表如图 7-2b 所示。因此可以总结出的逻辑关系为:只要一个事件的几个条件具备其中一个(开关 A 或 B 闭合),该事件(灯亮)就会发生,或简记成:"有 1 出 1,全 0 出 0"。这种逻辑关系称为"或"逻辑。

用 0 和 1 真值表表示,"或"逻辑真值表如图 7-2c 所示。若用逻辑表达式来描述,则可写为

$$F=A+B \tag{7-6}$$

式中,"+"表示或运算,也称为逻辑加。在某些文献里,也有用符号 $\vee$、$\cup$ 表示或运算。

或门的逻辑符号如图 7-2d 所示。

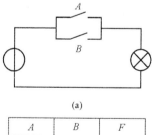

开关 A	开关 B	灯
断开	断开	不亮
断开	闭合	亮
闭合	断开	亮
闭合	闭合	亮

(a)

(b)

A	B	F
0	0	0
0	1	1
1	0	1
1	1	1

(c)

$F=A+B$

(d)

图 7-2　"或"逻辑运算

(a) 电路图;(b) 功能表;(c) 或运算真值表;(d) 或门逻辑符号

三、"非"逻辑

"非"逻辑电路如图 7 - 3a 所示,当开关 A 闭合时,灯不亮,当 A 断开时,灯亮。其功能表如图 7 - 3b 所示。因此可总结出的逻辑关系为:一个事件的发生是以其相反的条件作为依据。这种逻辑关系称为"非"逻辑。

用 0 和 1 真值表表示,"非"逻辑真值表如图 7 - 3c 所示。若用逻辑表达式来描述,则可写为

$$F=\overline{A} \tag{7-7}$$

式中,字母 A 上方的"—"表示非运算,也称为取反运算。

非门的逻辑符号如图 7 - 3d 所示。

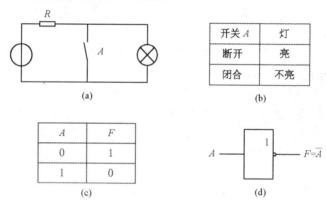

开关 A	灯
断开	亮
闭合	不亮

(a)　　　　　　　　　　　(b)

A	F
0	1
1	0

(c)　　　　　　　　　　　(d)

图 7 - 3　"非"逻辑运算

(a) 电路图;(b) 功能表;(c) 非运算真值表;(d) 非门逻辑符号

四、其他逻辑关系

在数字系统中,除了与门、或门、非门外,还广泛使用与非门、或非门、与或非门、异或门、同或门等复合门电路。这些门的逻辑关系都是由"与"、"或"、"非"三种基本逻辑关系组合得到的,故称为复合逻辑。

1. "与非"逻辑

"与非"逻辑运算实现先"与"后"非"的逻辑运算。其表达式为

$$F=\overline{AB} \tag{7-8}$$

与非门的逻辑符号如图 7 - 4a 所示,其真值表如图 7 - 4b 所示。可以总结与非运算的逻辑关系为:"有 0 出 1,全 1 为 0"。

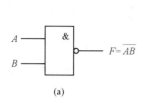

A	B	F
0	0	1
0	1	1
1	0	1
1	1	0

(a)　　　　　　　　　(b)

图 7 - 4　"与非"逻辑运算

（a）与非门逻辑符号；（b）与非运算真值表

2. "或非"逻辑

"或非"逻辑运算实现先"或"后"非"的逻辑运算。其表达式为

$$F=\overline{A+B} \qquad\qquad (7-9)$$

或非门的逻辑符号如图 7 - 5a 所示，其真值表如图 7 - 5b 所示。或非运算的逻辑关系为："有 1 出 0，全 0 为 1"。

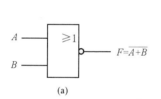

A	B	F
0	0	1
0	1	0
1	0	0
1	1	0

(a)　　　　　　　　　(b)

图 7 - 5　"或非"逻辑运算

（a）或非门逻辑符号；（b）或非运算真值表

3. "与或非"逻辑

"与或非"逻辑运算实现先"与"后"或"再"非"的逻辑运算。其表达式为

$$F=\overline{AB+CD} \qquad\qquad (7-10)$$

与或非门的逻辑符号如图 7 - 6 所示。

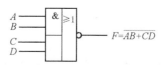

图 7 - 6　"与或非"逻辑运算

4. "异或"逻辑

"异或"逻辑运算时将两路输入进行比较,相异输出为1,相同输出为0。异或对应的逻辑表达式为

$$F(A、B) = A \oplus B = \overline{A}B + A\overline{B} \tag{7-11}$$

实现异或运算的电路称为异或门,其逻辑符号如图7-7所示。

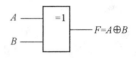

图7-7 "异或"逻辑运算

5. "同或"逻辑

"同或"逻辑运算可描述为:相同为1,不相同为0。对应的逻辑表达式为

$$F(A、B) = A \odot B = \overline{A}\overline{B} + AB \tag{7-12}$$

实现同或运算的电路称为同或门,其逻辑符号如图7-8所示。

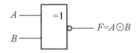

图7-8 "同或"逻辑运算

表7-2中列出"同或"逻辑和"异或"逻辑的真值表,从真值表可以看出两者互为"非"逻辑的关系。即有:$A \oplus B = \overline{A \odot B}$,$A \odot B = \overline{A \oplus B}$。

表7-2 异或及同或逻辑真值表

A	B	$A \oplus B$	$A \odot B$
0	0	0	1
0	1	1	0
1	0	1	0
1	1	0	1

第三节 逻辑函数的运算

逻辑代数主要讨论的是输入变量和输出变量的因果关系,这种关系

实际上是一种函数关系,为了将其与普通数学中的函数区别,将这种函数称为逻辑函数。

一、基本定律和规则

逻辑代数作为一门完整的代数学,可以进行运算,它和普通代数一样,也有一些基本的定律和规则。

1. 基本定律

表7-3给出逻辑代数的基本定律。

表7-3　逻辑代数基本定律

基本定律	表达式(示例)	
0-1律	$A \cdot 0 = 0$	$A + 1 = 1$
自等律	$A \cdot 1 = A$	$A + 0 = A$
重叠律	$AA = A$	$A + A = A$
互补律	$A\overline{A} = 0$	$A + \overline{A} = 1$
交换律	$AB = BA$	$A + B = B + A$
结合律	$A(BC) = (AB)C$	$A + (B + C) = (A + B) + C$
分配律	$A(B + C) = AB + AC$	$A + BC = (A + B)(A + C)$
吸收律	$A(A + B) = A$	$A + AB = A$
反演律	$\overline{AB} = \overline{A} + \overline{B}$	$\overline{A + B} = \overline{A}\,\overline{B}$
还原律	$\overline{\overline{A}} = A$	

这些公式的正确性可用列真值表的方法加以证明。如果等式成立,那么将任何一组取值代入公式两边所得结果相等。因此等式两边对应的真值表也必然相等。

2. 若干常用公式

下面给出几个常用公式,这些公式都是通过基本定律推出的。在公式法化简时,直接运用这些公式可以给化简逻辑函数带来方便。

(1)　　　　　　　$A + AB = A$　　　　　　(7-13)

证明:　　　　$A + AB = A(1 + B) = A \cdot 1 = A$

上式表明,当两个与项相加,若一项以另一项为因子,则该项多余。

(2)　　　　　　　$A + \overline{A}B = A + B$　　　　　(7-14)

证明:　$A + \overline{A}B = A + AB + \overline{A}B = A + (A + \overline{A})B = A + B$

该表达式说明,当一项取反以后是另一项的因子,则该因子是多余的,可以去掉。

(3) $$AB+\overline{A}C+BC=AB+\overline{A}C \qquad\qquad (7-15)$$

证明:
$$AB+\overline{A}C+BC = AB+\overline{A}C+(A+\overline{A})BC$$
$$=AB+ABC+\overline{A}C+\overline{A}BC=AB+\overline{A}C$$

该证明表示,当两个乘积项分别含有 $\overline{A}$、A 两个因子,则这两个与项的其他因子组成的第三项多余。

3. 运算规则

1) 代入规则 对于任何一个含有变量 A 的等式,如果将所有变量 A 都以另一个逻辑表达式代替,则等式仍然成立。

2) 反演规则 对于逻辑函数 F,如果将函数中的所有"·"换成"+","+"换成"·",常量 0 换成 1,常量 1 换成 0,所有原变量换成反变量,所有反变量换成原变量,即得反函数 $\overline{F}$。在求反演式过程中还需遵循以下两个原则:

(1) 仍遵循"先括号,然后乘,最后加"的运算次序,且运算顺序与原式相同。

(2) 两个变量以上的非运算保留。

依据逻辑函数的二值性质,如果两个逻辑函数相等,则它们的反函数也相等,反之亦然。

3) 对偶规则 对于逻辑函数 F,如果将函数中所有的"+"换成"·","·"换成"+",1 换成 0,0 换成 1,而变量保持不变,则所得新的逻辑式就称为 F 的对偶式,记为 F'。在反演式中遵循的两个原则,对偶式同样需要遵循。如果两个逻辑函数相等,则其对偶函数必然相等,反之亦然。

二、逻辑函数的表示方法

常用的逻辑函数表示方法有真值表、逻辑表达式、逻辑电路图、卡诺图等。

1. 真值表

将输入变量所有取值情况及其相应的输出结果,全部列表表示,即为真值表。

如图 7-9 所示为举重判决电路。假设三个裁判分别为 A、B、C,其中 A 为主裁判,用 F 来表示结果。"1"表示成功,"0"表示不成功,则其真值表见表 7 - 4。

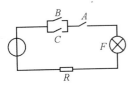

图 7 - 9　举重判决电路

表 7 - 4　举重判决器真值表

A	B	C	F
0	0	0	0
0	0	1	0
0	1	0	0
0	1	1	0
1	0	0	0
1	0	1	1
1	1	0	1
1	1	1	1

2. 逻辑表达式

将输入输出关系写成与或非等逻辑运算的组合式,称为逻辑表达式,简称逻辑式。如图 7 - 9 所示举重判决电路,则可表示为 $A\overline{B}C + AB\overline{C} + ABC$,故其逻辑表达式可以化简为 $F(A、B、C) = AB + AC$(具体化简法,后面将重点介绍)。

3. 逻辑电路图

将逻辑表达式中的与或非等运算关系用相应的逻辑符号表示出来,即为逻辑电路图表示法。图 7 - 9 所示的举重判决电路,其逻辑电路图如图 7 - 10 所示。

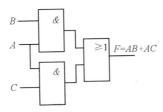

图 7 - 10　举重判决器逻辑电路图

三、最小项

对于 n 个变量的逻辑函数,存在 m 个包含这 n 个变量的乘积项,这 n 个变量均以原变量或反变量的形式出现一次,则称乘积项 m 为该组变量的最小项。

例如,$A、B$ 两个变量的最小项有 $\overline{A}\,\overline{B}$、$\overline{A}B$、$A\overline{B}$、$AB$,共 4 个(即 2^2 个)

最小项。n 个变量的最小项应有 2^n 个。

输入变量的每一组取值都使一个对应的最小项的值等于 1。比如三变量 A、B、C 的最小项中，当 $A=1$、$B=0$、$C=1$，乘积项 $A\overline{B}C=1$。如果把其取值 101 看作一个二进制数，转化成十进制就是 5。因此在数字电路中，也将 $A\overline{B}C$ 表示为 m_5。

表 7-5 给出了三变量最小项的编号表。

表 7-5 三变量最小项的编号表

最小项	使最小项为1的变量取值			对应的十进制数	编号
	A	B	C		
$\overline{A}\overline{B}\overline{C}$	0	0	0	0	m_0
$\overline{A}\overline{B}C$	0	0	1	1	m_1
$\overline{A}B\overline{C}$	0	1	0	2	m_2
$\overline{A}BC$	0	1	1	3	m_3
$A\overline{B}\overline{C}$	1	0	0	4	m_4
$A\overline{B}C$	1	0	1	5	m_5
$AB\overline{C}$	1	1	0	6	m_6
ABC	1	1	1	7	m_7

最小项性质如下：

（1）对于任一组最小项，有且只有一组取值使最小项为 1。

（2）任意两个最小项相与为 0。

（3）全部最小项相或为 1。

（4）具有相邻性的最小项可以合并成一项，并消去一个变量。所谓相邻性，是指两个最小项中只有一个变量不同。例如，$A\overline{B}\overline{C}$ 和 $A\overline{B}C$ 两个最小项中仅有一个变量 C 不一样，相加时一定能合并消去变化的因子 C。

$$A\overline{B}C + A\overline{B}\overline{C} = A\overline{B}(C+\overline{C}) = A\overline{B}$$

四、逻辑函数卡诺图化简

1. 卡诺图构成

将 n 个变量的全部最小项用小方格表示，并使具有逻辑相邻性的最小项在几何位置上也相邻排列，所得图形称为 n 变量最小项的卡诺图。如图 7-11 所示是 2~4 变量的卡诺图。

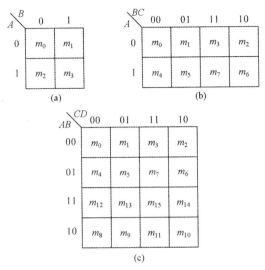

图 7 - 11　　2～4 变量卡诺图

从上图可以看出,卡诺图的变量取值不是按照大小关系排列的,而是按照循环码的逻辑相邻顺序 00、01、11、10 进行排列,这种循环码的排列使得相邻两个方格对应的最小项仅有一个变量不同。由此得到卡诺图的如下特点:

(1) n 个变量的卡诺图有 2^n 个方格,每个方格对应一个最小项。

(2) 每个变量与其反变量将卡诺图等分成两部分,所占方格个数相同。

(3) 卡诺图上两个相邻的方格所代表的最小项只有一个变量相异。

这里所说的相邻包括两个方面:首先是位置相邻,如图 7 - 11 所示的 m_0 与 m_1 等;其次指首尾相邻,即每行或每列的首尾两个方格是相邻的,如图 7 - 11c 所示的 m_0 与 m_8、m_4 与 m_6 等。

2. 卡诺图的填入

逻辑函数都可以用最小项之和表示,自然也就可以用由最小项构成的卡诺图表示,只需要先将函数表示为最小项之和的形式,然后在卡诺图上与这些最小项对应的位置上填 1,其余填 0 或空白,就得到该逻辑函数的卡诺图。也就是说,任何一个逻辑函数都等于它的卡诺图填入 1 的最小项之和。

3. 化简依据

根据最小项性质,两个相邻的最小项可合并消去一个变化的因子。如

图 7 - 11b 卡诺图中 $m_6(AB\overline{C})$ 与 $m_7(ABC)$ 相邻，可以合并消去变量 C。

四个相邻的最小项合并成一个矩形组，可消去两个因子。如图 7 - 11c 中 $m_1(\overline{A}\overline{B}\overline{C}D)$、$m_5(\overline{A}B\overline{C}D)$、$m_9(A\overline{B}\overline{C}D)$ 和 $m_{13}(AB\overline{C}D)$ 相邻，可合并后得到：

$$\overline{A}\overline{B}\overline{C}D + \overline{A}B\overline{C}D + A\overline{B}\overline{C}D + AB\overline{C}D$$
$$= \overline{A}\overline{C}D(\overline{B}+B) + A\overline{C}D(\overline{B}+B)$$
$$= \overline{A}\overline{C}D + A\overline{C}D$$
$$= \overline{C}D$$

若 2^n 个最小项相邻并组成一个矩形，可消去 n 个变化的量。

4. 化简步骤

（1）将逻辑函数化为最小项之和的形式。

（2）将所得最小项填入卡诺图。

（3）画出正确的矩形。原则：①相邻的 1 用矩形圈出，所圈 1 的个数必须为 2^n；②矩形的个数应尽可能少，以保证乘积项个数最少；③每个矩形中 1 的个数要尽可能多，以使乘积项因子最少；④所圈矩形中必须至少有一个 1 没有被其他矩形圈过。否则将出现冗余项。

（4）每个矩形对应一个合并项，将所有合并项相或。

第四节　集成门电路的性能测试

一、操作要领

1. 器件型号的识别

集成门电路型号主要由五个部分组成：第一部分表示国家；第二部分表示类型；第三部分表示系列品种；第四部分表示工作温度范围；第五部分表示封装。如图 7 - 12 所示。

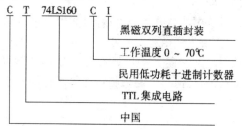

图 7 - 12　集成门电路的型号命名

2. 与非门逻辑功能测试

TTL 系列 74LS00(2 输入端四与非门)的引脚排列图如图 7-13 所示,其逻辑表达式为:$Y=\overline{AB}$。

TTL 系列 74LS20(4 输入端双与非门)的引脚排列图如图 7-14 所示,其逻辑表达式为:$Y=\overline{ABCD}$。

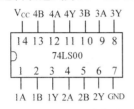

图 7-13　74LS00 引脚排列图　　图 7-14　74LS20 引脚排列图

3. 验证 OC 门的线与功能

图 7-15 为 OC 门连线图。TTL 系列 OC 门 74LS03 的引脚排列图如图 7-16 所示。

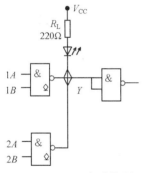

图 7-15　OC 门连线图

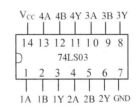

图 7-16　74LS03 引脚排列图

4. 测试三态门的逻辑功能

图 7-17 是 74LS125(4 总线缓冲器)的引脚排列图。当 $\overline{EN}=0$ 时,$Y=A$;当 $\overline{EN}=1$ 时,Y 呈高阻状态。

图 7-17　74LS125 引脚排列图

二、操作步骤

1. 检测数字电路实验箱功能

检测所有的输入开关及输出电平指示功能是否正常。

2. 与非门逻辑功能测试

(1)测试 74LS20 的逻辑功能。将芯片 74LS20 中一个 4 输入与非门的四个输入端 A、B、C、D 分别与四个输入开关相连接,输出端 Y 与一个输出电平指示相连接。电平指示的灯亮为 1,灯不亮为 0。根据表 7-6 中输入的不同状态组合,分别测出输出端的相应状态,并将结果填入表中。

表 7-6 74LS20 的逻辑功能表

A	B	C	D	Y
0	0	0	0	
0	0	0	1	
0	0	1	0	
0	1	0	1	
1	0	1	0	
1	1	0	1	
1	1	1	1	

表 7-7 74LS00 的逻辑功能表

A	B	Y
0	0	
0	1	
1	0	
1	1	

(2)测试 74LS00 的逻辑功能。将芯片 74LS00 中一个 2 输入与非门的 A、B 输入端接输入开关,输出端 Y 接输出电平指示。根据表 7-7 中输入的不同状态组合,分别测出输出端的相应状态,并将结果填入表中。

3. 验证 OC 门的线与功能

如图 7-15 所示,将 $1A$、$1B$、$2A$、$2B$ 分别接数据开关,当发光二极管发光时,Y 点处于低电平,状态为 0;当发光二极管不发光时,Y 点处于高电平,状态为 1。

按表 7-8 中不同的输入状态组合输入信号,观察 Y 点的状态,并记录在表中。

表7-8 OC门的线与功能表

1A	1B	2A	2B	Y
0	0	0	0	
0	0	0	1	
0	0	1	0	
0	0	1	1	
0	1	0	0	
1	0	0	1	
1	0	1	0	
1	1	0	0	

第八章　组合逻辑电路及测试

第一节　组合逻辑电路的分析

　　组合逻辑电路是数字电路中应用最为广泛的电路之一。组合逻辑电路的特点是任意时刻的输出,只取决于该时刻各个输入变量的取值,而与电路原来的状态没有任何关系。通常组合逻辑电路都由简单门电路或集成组合逻辑电路构成,不包括任何的存储电路。

　　组合逻辑电路的分析指对给定的逻辑电路图,分析其逻辑功能,并写出相应的逻辑表达式和真值表,最后用文字描述逻辑电路的功能的过程,简而言之,就是由电路图得出相应的功能。组合逻辑电路的分析,可以按照以下步骤进行:

　　(1) 分别用符号在逻辑电路图上标明各级门电路的输入和输出。

　　(2) 从输入端到输出端逐级写出逻辑表达式,最后列出输出函数表达式。

　　(3) 化简逻辑表达式,得到最简逻辑表达式。

　　(4) 列出输出函数的真值表。

　　(5) 说明给定电路的逻辑功能。

　　下面通过具体的实例来说明组合逻辑电路分析的过程。

　　【例 8-1】 如图 8-1 所示逻辑电路图,请分析其逻辑功能。

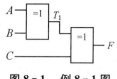

图 8-1　例 8-1 图

　　解:(1) 用 T_1 表示中间变量,如图 8-1 所示。

　　(2) 从输入端到输出端逐级写出逻辑表达式。

$$T_1 = A \oplus B$$
$$F = T_1 \oplus C = A \oplus B \oplus C$$

（3）列出输出函数的真值表，见表 8-1。

表 8-1　例 8-1 真值表

A	B	C	F
0	0	0	0
0	0	1	1
0	1	0	1
0	1	1	0
1	0	0	1
1	0	1	0
1	1	0	0
1	1	1	1

（4）从真值表可以看出，输入变量有 1 个或 3 个 1 时，输出为 1，否则为 0。因此本电路的功能是判断输入变量中是否有奇数个"1"，称为"判奇电路"。

【例 8-2】如图 8-2 所示逻辑电路图，请分析其逻辑功能。

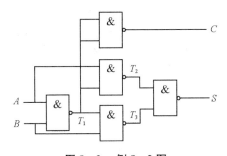

图 8-2　例 8-2 图

（1）用 T_1、T_2、T_3 表示中间变量，如图 8-2 所示。

（2）从输入端到输出端逐级写出逻辑表达式。

$$T_1 = \overline{AB}$$
$$T_2 = \overline{AT_1} = A + B$$
$$T_3 = \overline{BT_1} = A + \overline{B}$$

$$S=\overline{\overline{T_2}\,\overline{T_3}}=\overline{T_2}+\overline{T_3}=A\overline{B}+\overline{A}B=A\oplus B$$
$$C=\overline{\overline{T_1}}=AB$$

（3）列出输出函数的真值表，见表 8-2。

表 8-2　例 8-2 真值表

A	B	C	S
0	0	0	0
0	1	0	1
1	0	0	1
1	1	1	0

（4）通过真值表可看出本电路实现了一位半加器的功能，其中输入 A、B 为加数和被加数，输出 S 为本位和，输出 C 为进位信号。

通过以上两个例子，可以看出组合逻辑电路分析过程相对较为简单，使初学者感到困难的可能在于怎样根据真值表说明电路的逻辑功能，这方面能力的提高有赖于经验的积累。

第二节　编码器和译码器

在实际数字系统中经常用到一些具有特定功能的模块，为了简化设计和应用，通常将这些功能集成到一起制成一个器件，将这些器件称为中规模集成组合逻辑电路。从这一节开始将介绍一些常用的中规模集成组合逻辑电路，包括编码器、译码器、数据选择器、数据分配器、半加器和全加器等。

一、编码器

为了在一个由众多元素构成的集合中区分每一个元素，可以按照特定规则给每个元素一组特有的代码，这个过程称为编码。专门实现编码的集成组合逻辑电路被称为编码器。

1. 普通编码器

如图 8-3 所示为普通 8-3 线编码器原理图，该编码器有 8 路输入、3 路输出，输入高电平有效，表 8-3 为普通 8-3 线编码器功能真值表。

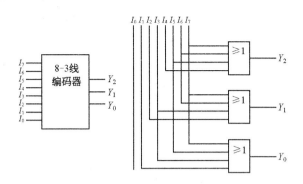

图 8-3　普通 8-3 线编码器

表 8-3　普通 8-3 线编码器功能真值表

I_0	I_1	I_2	I_3	I_4	I_5	I_6	I_7	Y_2	Y_1	Y_0
1	0	0	0	0	0	0	0	0	0	0
0	1	0	0	0	0	0	0	0	0	1
0	0	1	0	0	0	0	0	0	1	0
0	0	0	1	0	0	0	0	0	1	1
0	0	0	0	1	0	0	0	1	0	0
0	0	0	0	0	1	0	0	1	0	1
0	0	0	0	0	0	1	0	1	1	0
0	0	0	0	0	0	0	1	1	1	1

根据真值表可以得到其输出逻辑函数为

$$Y_2 = I_7 + I_6 + I_5 + I_4$$
$$Y_1 = I_7 + I_6 + I_3 + I_2$$
$$Y_0 = I_7 + I_5 + I_3 + I_1$$

从上式可以看出,当输入 I_0 和 I_7 同时有效时,与仅 I_7 输入有效时输出结果均为"111"。因此普通编码器在使用时必须约定在某一时刻仅一个输入端有效,如果同时有两个或两个以上输入端有效,这时编码器就无法对两个或两个以上的状态同时进行编码。这一缺点严重限制了普通编码器的应用,在实际应用中通常采用优先编码器。

2. 优先编码器

优先编码器允许同时输入两个或两个以上的信号,但编码器只对其中优先级最高的一个信号进行编码。也就是说,当有几路信号同时输入时,优先编码器输出的是优先级最高的那个输入信号的编码。下面通过8-3线优先编码器74LS148介绍一下优先编码器的特点。

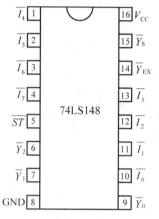

图8-4 **74LS148引脚排列图**

图8-4是74LS148优先编码器的引脚排列图,其中$\overline{I}_0 \sim \overline{I}_7$为编码器输入端(低电平有效);$\overline{ST}$为选通输入端(低电平有效);$\overline{Y}_0 \sim \overline{Y}_2$为编码器输出端(低电平有效);$\overline{Y}_{EX}$为扩展输出端(低电平有效);$\overline{Y}_S$为选通输出端(低电平有效)。

表8-4为74LS148优先编码器的功能真值表。当$\overline{I}_7 = 0$时,无论其他输入端的输入电平是否有效,输出只给出了$\overline{I}_7$所对应的编码,即$\overline{Y}_2\overline{Y}_1\overline{Y}_0 = 000$。当$\overline{I}_7 = 1$,$\overline{I}_6 = 0$时,无论其他输入电平是否有效,输出只给出$\overline{I}_6$所对应的编码,即$\overline{Y}_2\overline{Y}_1\overline{Y}_0 = 001$。依此类推,可知在74LS148中,优先级最高的是$\overline{I}_7$,优先级最低的是$\overline{I}_0$。

表8-4 74LS148功能真值表

$\overline{ST}$	$\overline{I}_7$	$\overline{I}_6$	$\overline{I}_5$	$\overline{I}_4$	$\overline{I}_3$	$\overline{I}_2$	$\overline{I}_1$	$\overline{I}_0$	$\overline{Y}_2$	$\overline{Y}_1$	$\overline{Y}_0$	$\overline{Y}_{EX}$	$\overline{Y}_S$
1	×	×	×	×	×	×	×	×	1	1	1	1	1
0	1	1	1	1	1	1	1	1	1	1	1	1	0
0	0	×	×	×	×	×	×	×	0	0	0	0	1
0	1	0	×	×	×	×	×	×	0	0	1	0	1
0	1	1	0	×	×	×	×	×	0	1	0	0	1
0	1	1	1	0	×	×	×	×	0	1	1	0	1
0	1	1	1	1	0	×	×	×	1	0	0	0	1
0	1	1	1	1	1	0	×	×	1	0	1	0	1
0	1	1	1	1	1	1	0	×	1	1	0	0	1
0	1	1	1	1	1	1	1	0	1	1	1	0	1

表中出现了3种$\overline{Y}_2\overline{Y}_1\overline{Y}_0 = 111$的情况,可以通过$\overline{Y}_{EX}$和$\overline{Y}_S$不同状态加以区别。

二、译码器

译码器的功能与编码器正好相反,即将编码时赋予代码的含义翻译过来。常见的译码器包括变量译码器、显示译码器等。

1. 变量译码器

变量译码器又称二进制译码器,它的输出是一组与输入代码一一对应的高、低电平的信号,下面以典型 3 - 8 线译码器为例说明变量译码器的工作原理。

74LS138 是带有扩展功能的 3 - 8 线译码器,其引脚排列图如图 8 - 5 所示,$A_0 \sim A_2$ 为输入端(高电平有效);$\overline{Y}_0 \sim \overline{Y}_7$ 为输出端(低电平有效);ST_A、$\overline{ST}_B$、$\overline{ST}_C$ 为使能输入端,其中 ST_A 高电平有效,$\overline{ST}_B$ 和 $\overline{ST}_C$ 为低电平有效。

74LS138 功能真值表见表 8 - 5。

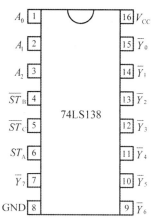

图 8 - 5　74LS138 引脚排列图

表 8 - 5　74LS138 功能真值表

ST_A	$\overline{ST}_B+\overline{ST}_C$	A_2	A_1	A_0	$\overline{Y}_0$	$\overline{Y}_1$	$\overline{Y}_2$	$\overline{Y}_3$	$\overline{Y}_4$	$\overline{Y}_5$	$\overline{Y}_6$	$\overline{Y}_7$
1	0	0	0	0	0	1	1	1	1	1	1	1
1	0	0	0	1	1	0	1	1	1	1	1	1
1	0	0	1	0	1	1	0	1	1	1	1	1
1	0	0	1	1	1	1	1	0	1	1	1	1
1	0	1	0	0	1	1	1	1	0	1	1	1
1	0	1	0	1	1	1	1	1	1	0	1	1
1	0	1	1	0	1	1	1	1	1	1	0	1
1	0	1	1	1	1	1	1	1	1	1	1	0
$\times$	1	$\times$	$\times$	$\times$	1	1	1	1	1	1	1	1
0	$\times$	$\times$	$\times$	$\times$	1	1	1	1	1	1	1	1

当 $ST_A = 1$,$\overline{ST}_B + \overline{ST}_C = 0$ 时,74LS138 正常工作;输入变量 $A_2A_1A_0$ 中 A_2 为最高位,A_0 为最低位。根据真值表可以得到如下逻辑

表达式。

$$\overline{Y}_0=\overline{\overline{A}_2\overline{A}_1\overline{A}_0}=\overline{m}_0 \qquad \overline{Y}_4=\overline{A_2\overline{A}_1\overline{A}_0}=\overline{m}_4$$

$$\overline{Y}_1=\overline{\overline{A}_2\overline{A}_1A_0}=\overline{m}_1 \qquad \overline{Y}_5=\overline{A_2\overline{A}_1A_0}=\overline{m}_5$$

$$\overline{Y}_2=\overline{\overline{A}_2A_1\overline{A}_0}=\overline{m}_2 \qquad \overline{Y}_6=\overline{A_2A_1\overline{A}_0}=\overline{m}_6$$

$$\overline{Y}_3=\overline{\overline{A}_2A_1A_0}=\overline{m}_3 \qquad \overline{Y}_7=\overline{A_2A_1A_0}=\overline{m}_7$$

由上式可以看出,74LS138 的输出变量等于相应输入变量构成的最小项的非,因此 74LS138 能用于逻辑函数的表示。

【例 8-3】请用 74LS138 及门电路实现函数 $F(A,B,C)=\sum m(0,2,4,7)$。

解:可将函数做如下变化,与 74LS138 的输出相对应。

$$F(A,B,C)=\sum m(0,2,4,7)$$
$$=m_0+m_2+m_4+m_7$$
$$=\overline{\overline{m_0+m_2+m_4+m_7}}$$
$$=\overline{\overline{m}_0\overline{m}_2\overline{m}_4\overline{m}_7}$$

可见只需将输入变量 C、B、A 与 74LS138 输入端相连(注意高低位顺序),并将输出端 $\overline{Y}_0$、$\overline{Y}_2$、$\overline{Y}_4$、$\overline{Y}_7$ 取与非运算即可,同时为保证 74LS138 正常工作,应将 ST_A 接高电平,$\overline{ST}_B$ 和 $\overline{ST}_C$ 接低电平,如图 8-6 所示。

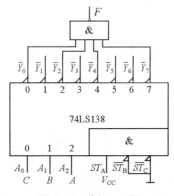

图 8-6　例 8-3 图

2. 显示译码器

在数字系统中,经常需要将数字、文字、符号的二进制代码翻译成人们习惯的形式并直观地显示出来。通常采用显示器件与译码器配对,实现信息的显示。由于各种工作方式的显示器件对译码器的要求区别很大,而实际工作中又希望显示器件和译码器配合使用,或直接驱动显示器件。因此,人们就把这类译码器称为显示译码器。下面以 LED 数码管及 CD4511 为例来说明显示译码器的工作原理。

(1) LED 数码管。LED 数码管使用发光二极管构成相应笔画来显示数字或字母等,由于 LED 具有较高的亮度和节能的特点,因此在众多领域得到了广泛的应用。

通常 LED 数码管根据其结构可以分为共阳极数码管和共阴极数码管,如图 8-7 所示为典型七段共阴极数码管引脚图和原理图。

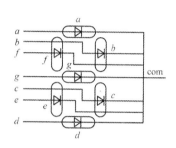

图 8-7　共阴极 LED 数码管引脚图及原理图

由图 8-7 可知,如果要在共阴极数码管上显示数字"7",只要将公共端"com"接地,同时给 4、6、7 号引脚加高电平,其他引脚接低电平即可。注意 LED 较普通二极管具有更高的导通电压(2V 以上),其点亮电流一般为 10~20mA。

要将 LED 点亮只要使其正向导通即可。由于 LED 分为共阴极和共阳极,因此与其配合使用的显示译码器也有输出高电平和低电平两类。由于 LED 点亮电流较大,LED 显示译码器通常需要具有一定的电流驱动能力,所以 LED 显示译码器又常被称为显示译码驱动器。

(2) CD4511 显示译码驱动器。CD4511 是输出高电平有效的 CMOS 显示译码器,与共阴极 LED 数码管配合使用,其输入为 8421BCD 码,其引脚排列如图 8-8 所示。

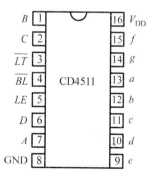

图 8-8　CD4511 引脚排列图

　　图中，$\overline{LT}$ 为试灯极，低电平有效，输入低电平则所有笔画全亮；$\overline{BL}$ 为灭灯极，低电平有效，输入低电平则所有笔画全灭；LE 为锁存极，当输入为低电平时，4511 输出与输入相对应，当输入高电平时，将当前输出状态锁存，不再随输入改变而改变。

　　D、C、B、A 为 8421BCD 码输入端，D 端为高位，A 端为低位。

　　$a \sim g$ 为输出端，为高电平有效，故其输出应与共阴极的数码管各个输入端相对应。CD4511 功能真值表见表 8-6。

表 8-6　CD4511 功能真值表

$\overline{LT}$	$\overline{BL}$	LE	D	C	B	A	a	b	c	d	e	f	g
1	1	0	0	0	0	0	1	1	1	1	1	1	0
1	1	0	0	0	0	1	0	1	1	0	0	0	0
1	1	0	0	0	1	0	1	1	0	1	1	0	1
1	1	0	0	0	1	1	1	1	1	1	0	0	1
1	1	0	0	1	0	0	0	1	1	0	0	1	1
1	1	0	0	1	0	1	1	0	1	1	0	1	1
1	1	0	0	1	1	0	0	0	1	1	1	1	1
1	1	0	0	1	1	1	1	1	1	0	0	0	0
1	1	0	1	0	0	0	1	1	1	1	1	1	1
1	1	0	1	0	0	1	1	1	1	0	0	1	1
0	×	×	×	×	×	×	1	1	1	1	1	1	1
1	0	×	×	×	×	×	0	0	0	0	0	0	0
1	1	1	×	×	×	×	※	※	※	※	※	※	※

　　注：※代表锁存极 $LE=1$ 之前的输出状态。

第三节　数据选择器和数据分配器

　　在实际应用中经常会碰到这样的问题，发送系统与接收系统之间有一个信道相连，该信道每次仅能传输一路信号，而发送系统和接收系统的输入、输出都是多路的，这时系统就需要在输入的多路信号中选择一路进行传送，接收系统接收到信号后将其传送到相应的接收端。实现数据的选择和分配的器件通常称为数据选择器和数据分配器。

一、数据选择器

在多路数据传输过程中，能够根据需要将其中任意一路挑选出来的电路，称为数据选择器，也称多路选择器或多路开关。下面以 74LS153 四选一数据选择器为例说明它的工作原理。

如图 8-9a 所示，四选一数据选择器通过选择控制信号的输入，从输入数据中选择一路，从输出端输出。其功能真值表见表 8-7。

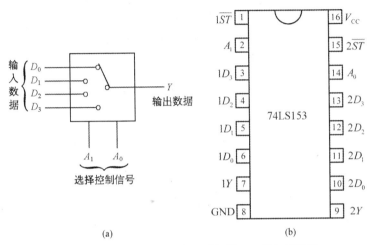

(a)　　　　　(b)

图 8-9　74LS153 四选一数据选择器示意图和引脚图

表 8-7　74LS153 功能真值表

A_1	A_0	$\overline{ST}$	Y
$\times$	$\times$	1	0
0	0	0	D_0
0	1	0	D_1
1	0	0	D_2
1	1	0	D_3

由真值表可以得到逻辑函数表达式

$$Y = D_0 \overline{A_1}\,\overline{A_0} + D_1 \overline{A_1} A_0 + D_2 A_1 \overline{A_0} + D_3 A_1 A_0$$

从数据选择器的输出和输入的表达式中可以看出，其实际上是数据输入与地址输入的最小项相"与"的关系，所以数据选择器可以实现各种组合逻辑功能。

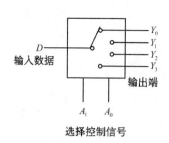

图 8 - 10   数据分配器
原理框图

二、数据分配器

在数据传输过程中,有时需将某一路数据分配到不同的数据通道上,能够完成这一功能的电路称为数据分配器或多路分配器,其功能恰好与数据选择器相反。

图 8 - 10 所示为数据分配器的原理框图,通过改变 A_1、A_0 的取值,将输入数据分配到不同的输出端。

四路数据分配器功能真值表见表 8 - 8。

表 8 - 8   四路数据分配器功能真值表

A_1	A_0	Y_0	Y_1	Y_2	Y_3
0	0	D	0	0	0
0	1	0	D	0	0
1	0	0	0	D	0
1	1	0	0	0	D

图 8 - 11 给出了采用 74LS138 实现八路数据分配的方法。

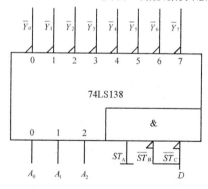

图 8 - 11   74LS138 实现八路数据分配

如图所示,使能端 ST_A 接地;$\overline{ST}_B$ 和 $\overline{ST}_C$ 接数据输入端;A_2、A_1、A_0 依次为选择控制端;$\overline{Y}_0 \sim \overline{Y}_7$ 作为输出端。对照 74LS138 功能真值表可知,74LS138 输出低电平有效,当 $\overline{ST}_B$ 和 $\overline{ST}_C$ 输入低电平时,根据 A_2、A_1、

A_0 输入不同,选择相应输出端输出低电平;当 $\overline{ST}_B$ 和 $\overline{ST}_C$ 输入高电平时,输出始终为高电平。其对应关系与八路数据选择器功能相符。

第四节 半加器和全加器

算术运算是数字系统的基本功能,更是计算机中不可缺少的单元。而加法器就是实现算术运算功能的基本逻辑组件。加法器通常可以分为半加器和全加器。

一、半加器

半加器是能实现两个一位二进制数相加,得到和数及向高位进位的逻辑电路。半加器运算可以表示为图 8-12a 所示形式,半加器逻辑符号如图 8-12b 所示。

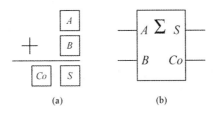

(a)   (b)

图 8-12 半加器运算及逻辑符号图

半加器的逻辑关系较为简单,A、B 为加数和被加数,Co 表示进位信号,S 表示本位和,可将其功能归纳于表 8-9。

表 8-9 半加器功能真值表

A	B	Co	S
0	0	0	0
0	1	0	1
1	0	0	1
1	1	1	0

根据真值表可以得到半加器的逻辑表达式为

$$S = A \oplus B$$

$$Co = AB$$

二、全加器

在算术运算中经常碰到需要对多位二进制数相加的情况,除了要对某一位的加数和被加数相加之外,还要与来自低位的进位数 Ci 相加,显然半加器无法满足要求。通常将能实现两个一位二进制数及低位进位信号相加,得到和数及向高位进位的逻辑电路称为全加器。全加器运算可以表示为图 8-13a 所示形式,全加器逻辑符号如图 8-13b 所示。

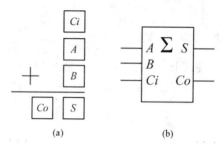

图 8-13 全加器运算及逻辑符号图

在全加器中,输入除了加数 A 和被加数 B 之外,还有来自低位的进位信号 Ci,输出 Co 表示进位信号,S 表示本位和,可将其功能归纳于表 8-10。

表 8-10 全加器功能真值表

A	B	Ci	Co	S
0	0	0	0	0
0	0	1	0	1
0	1	0	0	1
0	1	1	1	0
1	0	0	0	1
1	0	1	1	0
1	1	0	1	0
1	1	1	1	1

根据真值表可以得到全加器的逻辑表达式为

$$S=A\oplus B\oplus Ci$$

$$Co=AB+ACi+BCi$$

在实际应用中可以采用 74LS283 实现四位二进制数全加运算。

第五节　集成组合逻辑电路的功能测试

一、操作要领

1. 测试译码器逻辑功能

译码器是将二进制代码的特定含义翻译成对应的输出信号。本测试采用 3-8 线译码器 74LS138,其引脚排列如图 8-5 所示。

74LS138 的功能:当一个选通端(ST_A)为高电平,另两个选通端($\overline{ST}_B$和$\overline{ST}_C$)为低电平时,根据地址端($A_0\sim A_2$)的二进制编码,在相应的输出端有低电平输出。

2. 用数据选择器 74LS151 构成 3 人表决电路

74LS151 是一种 8 输入的数据选择器,3 根地址线可以从 8 个可能的输入端选择一路传输到输出端,其逻辑函数为

$$Y=\overline{A_2}\,\overline{A_1}\,\overline{A_0}D_0+\overline{A_2}\,\overline{A_1}A_0D_1+\overline{A_2}A_1\overline{A_0}D_2+\overline{A_2}A_1A_0D_3+$$

$$A_2\overline{A_1}\,\overline{A_0}D_4+A_2\overline{A_1}A_0D_5+A_2A_1\overline{A_0}D_6+A_2A_1A_0D_7$$

74LS151 的引脚排列如图 8-14 所示。

74LS151 的功能:Y 输出原码,$\overline{W}$ 输出反码。数据选择端($A_0\sim A_2$)按二进制译码,以从 8 个数据($D_0\sim D_7$)中选取一个所需的数据。只有在选通端($\overline{ST}$)为低电平时才可选择数据。

设数据选择端 A_2、A_1、A_0 分别代表 3 个输入信号 A、B、C,且输入为高电平时表示"同意",为低电平时表示"反对"。3 人中有 2 人以上同意,表示"通过",输出端 $Y=1$;否则表示"不通过",输出端 $Y=0$。图 8-15 为用数据选择器构成 3 人表决电路。

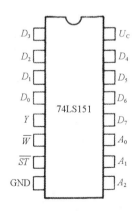

图 8-14　74LS151 引脚排列图

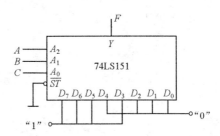

图 8-15　用数据选择器构成 3 人表决电路

二、操作步骤

(1) 将 74LS138 安装在数字实验箱的集成电路插座中,按图 8-5 接线。输入端 A_2、A_1、A_0 接逻辑开关,输出端 $\overline{Y}_0 \sim \overline{Y}_7$ 接逻辑指示器(或发光二极管),引脚 16 接 +5V 电源,引脚 8 接地。按表 8-11 的要求,设置译码器的输入 ST_A、$\overline{ST}_B$、$\overline{ST}_C$,改变输入 A_0、A_1、A_2 状态,观察输出状态,并分别将对应的 $\overline{Y}_0 \sim \overline{Y}_7$ 的状态填入表中。

表 8-11　74LS138 3-8 线译码器逻辑功能测试

ST_A	$\overline{ST}_B$	$\overline{ST}_C$	A_2	A_1	A_0	$\overline{Y}_0$	$\overline{Y}_1$	$\overline{Y}_2$	$\overline{Y}_3$	$\overline{Y}_4$	$\overline{Y}_5$	$\overline{Y}_6$	$\overline{Y}_7$
0	0	1											
0	1	0	$\times$	$\times$	$\times$								
1	0	1											
1	1	0											
1	0	0	0	0	0								
1	0	0	0	0	1								
1	0	0	0	1	0								
1	0	0	0	1	1								
1	0	0	1	0	0								
1	0	0	1	0	1								
1	0	0	1	1	0								
1	0	0	1	1	1								

注: 表中×表示任意值。

(2) 根据图 8-15 进行电路连接(输入 A、B、C 接逻辑开关,输出 F 接发光二极管)。按表 8-12 改变输入 A、B、C 状态,观察输出 F,并将测试结果填入表中。

表 8-12 3人表决电路逻辑功能测试

A	B	C	F
0	0	0	
0	0	1	
0	1	0	
0	1	1	
1	0	0	
1	0	1	
1	1	0	
1	1	1	

第九章　时序逻辑电路

前一章介绍了组合逻辑电路（简称组合电路），它是由门电路组成的。本章所介绍的时序逻辑电路（简称时序电路）由组合电路和记忆存储电路组成。由于记忆存储电路的存在，时序电路的输出不仅取决于当前的输入，而且与之前的电路状态有关，这是时序电路与组合电路的区别。

第一节　触　发　器

时序电路的组成框图如图 9-1 所示，框图中的记忆存储电路主要由触发器构成。

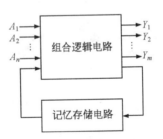

图 9-1　时序电路组成框图

触发器有两个稳定的状态（称为双稳态触发器），也就是"0"和"1"。在触发信号的作用下，可以从一个稳态转变到另一个稳态。这一新的状态在触发信号去掉之后仍然保持不变，一直保持到下一触发信号到来，这就是触发器的记忆功能。由于二进制只有"0"和"1"两个数码，所以说一个触发器可以记忆一位二进制数。

触发器的分类不止一种。按触发器的逻辑功能分为 RS 触发器、D 触发器、JK 触发器、T 触发器等；按触发器的内部结构分为基本 RS 触发器、同步触发器、主从触发器和边沿触发器。

一、基本 RS 触发器

1. 电路组成和工作原理

两个与非门输入和输出端交叉相连,即构成如图 9-2a 所示的基本 RS 触发器。$\overline{R}_D$、$\overline{S}_D$ 为输入信号,低电平有效,Q 和 $\overline{Q}$ 为一对互补的输出端。

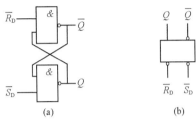

图 9-2 基本 RS 触发器

(a) 原理图;(b) 逻辑符号

根据电路图可知,基本 RS 触发器的一对互补输出的表达式为

$$\begin{cases} Q=\overline{\overline{S}_D\overline{Q}} \\ \overline{Q}=\overline{\overline{R}_D Q} \end{cases}$$

$\overline{R}_D$、$\overline{S}_D$ 作为输入,其组合有四种情况,现分析如下:

(1) $\overline{R}_D=1$、$\overline{S}_D=0$。对于"与非"逻辑来说,如果输入有"0",则输出为"1"。由式 $Q=\overline{\overline{S}_D\overline{Q}}$ 可知,不管 $\overline{Q}$ 为何种状态,都有 $Q=1$。由式 $\overline{Q}=\overline{\overline{R}_D Q}$ 可知,$\overline{Q}=0$。此种情况下,输出端 Q 实现了"置 1",故输入端 $\overline{S}_D$ 称为"置 1"端或"置位(Set)"端。

(2) $\overline{R}_D=0$、$\overline{S}_D=1$。由于电路是对称的,这种情况与第一种情况类似。此时,$Q=0$、$\overline{Q}=1$。输出端 Q 实现了"置 0",故输入端 $\overline{R}_D$ 称为"置 0"端或"复位(Reset)"端。

(3) $\overline{R}_D=1$、$\overline{S}_D=1$。对于"与非"逻辑来说,如果输入有"1",则输出不受该输入的影响,Q 和 $\overline{Q}$ 保持原有状态不变。因此,"置 0"端 $\overline{R}_D$ 和"置 1"端 $\overline{S}_D$ 同时无效时(都为 1),充分体现了触发器的记忆功能。

(4) $\overline{R}_D=0$、$\overline{S}_D=0$。由于两个与非门的输入都有"0",则两个输出 $Q=\overline{Q}=1$。该情况下,它破坏了触发器输出端的互补关系。一旦两个与非门输入端的"0"信号撤销后,即 $\overline{R}_D$、$\overline{S}_D$ 同时变为"1",由于两个与非门的延迟时间不可能完全相等,触发器的输出状态将无法确定,必须避免出现这种情况。"置0"端$\overline{R}_D$和"置1"端$\overline{S}_D$不能同时为"0",即$\overline{R}_D$和$\overline{S}_D$至少有一个为"1"。所以,约束条件为:$\overline{R}_D+\overline{S}_D=1$。

2. 逻辑功能描述

首先引入两个概念:"现态"和"次态"。"现态"指接收信号前触发器的状态,通常用Q^n来表示;"次态"指接收信号后触发器的状态,通常用Q^{n+1}来表示。

(1)状态真值表。Q^{n+1}、Q^n、$\overline{R}_D$和$\overline{S}_D$之间的逻辑关系可以用一个表格表示,该表格称为状态真值表,见表9-1,其简化状态真值表见表9-2。

表9-1 基本RS触发器状态真值表

$\overline{R}_D$	$\overline{S}_D$	Q^n	Q^{n+1}	功能
0	0	0	X	不允许
		1	X	
0	1	0	0	置0
		1	0	
1	0	0	1	置1
		1	1	
1	1	0	0	保持
		1	1	

表9-2 基本RS触发器简化真值表

$\overline{R}_D$	$\overline{S}_D$	Q^{n+1}
0	0	不允许
0	1	0
1	0	1
1	1	Q^n

(2)特征方程。对于基本RS触发器,Q^{n+1}与$\overline{R}_D$、$\overline{S}_D$和Q^n的关系卡诺图如图9-3所示。

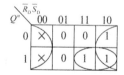

图9-3 基本RS触发器Q^{n+1}的卡诺图

所以,基本RS触发器Q^{n+1}的特征方程为

$$\begin{cases} Q^{n+1}=\overline{\overline{S}_D}+\overline{R}_D Q^n \\ \overline{R}_D+\overline{S}_D=1(约束方程) \end{cases}$$

由约束方程可知,$\overline{R}_D$和$\overline{S}_D$不能同时有效,即两者不能同时为"0"。

(3)状态转移图。描述触发器的状态转换关系及转换条件的图形称为状态转移图。基本RS触发器的状态转移图如图9-4所示。图中箭头表示状态转移的方向,圆圈表示状态,标注表示转移的条件。

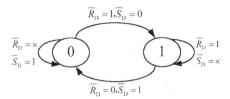

图9-4　基本RS触发器的状态转移图

（4）波形图。又称时序图，是描述触发器的输出状态随时间和输入信号变化的规律的图形。基本RS触发器的波形图通过例9-1来说明。

【例9-1】根据图9-5输入$\bar{R}_D$和$\bar{S}_D$的状态，试画出基本RS触发器的输出Q的波形（设Q初态为0）。

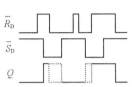

解：根据基本RS触发器的逻辑功能，可直接画出输出Q的波形如图9-5所示。图中虚线表示$\bar{R}_D=\bar{S}_D=0$的情况，由于此情况不允许出现，故用虚线表示。

图9-5　例9-1图

二、同步触发器

前面介绍的基本RS触发器的输入信号直接控制触发器的输出。在实际应用中，常常要求触发器在某一指定时刻输出随着输入信号的变化而变化，这一指定时刻可由外加时钟脉冲（clock pulse，CP）来控制。数字系统中采用的触发器，通常添加了时钟脉冲CP。接下来介绍由时钟脉冲CP控制的RS触发器（简称同步RS触发器）和D触发器（简称同步D触发器）。

1. 同步RS触发器

同步RS触发器的电路构成如图9-6a所示。

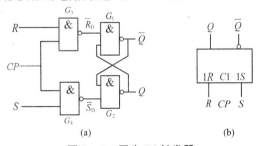

（a）　　　　　　　　　　（b）

图9-6　同步RS触发器

（a）原理图；（b）逻辑符号

相比基本 RS 触发器,同步 RS 触发器多了两个与非门和一个时钟脉冲 CP。

其原理如下:

1) 当 $CP=0$ 时 此时 G_3 和 G_4 输出为"1",即 $\overline{R}_D = \overline{S}_D = 1$。对基本 RS 触发器来说,当 $\overline{R}_D = \overline{S}_D = 1$ 时,功能为"保持"。

2) 当 $CP=1$ 时

(1) 若 $R=S=0$,G_3 和 G_4 输出为"1",即 $\overline{R}_D = \overline{S}_D = 1$,功能为"保持"。

(2) 若 $R=0$、$S=1$,G_3 输出为"1",G_4 输出为"0",即 $\overline{R}_D = 1$、$\overline{S}_D = 0$,功能为"置 1"。

(3) 若 $R=1$、$S=0$,G_3 输出为"0",G_4 输出为"1",即 $\overline{R}_D = 0$、$\overline{S}_D = 1$,功能为"置 0"。

(4) 若 $R=1$、$S=1$,G_3 输出为"0",G_4 输出为"0",即 $\overline{R}_D = \overline{S}_D = 0$。对基本 RS 触发器来说,该情况不允许出现。换句话说,对于同步 RS 触发器,输入端 R 和 S 不能同时为"1"。用约束方程表示为:$RS=0$。

由以上的分析可以得出同步 RS 触发器的状态真值表,见表 9-3。

表 9-3 同步 RS 触发器状态真值表

CP	R	S	Q^{n+1}	功能
0	$\times$	$\times$	Q^n	保持
1	0	0	Q^n	保持
1	0	1	1	置 1
1	1	0	0	置 0
1	1	1	$\times$	不允许

根据同步 RS 触发器的功能表,可以得出其特征方程为

$$\begin{cases} Q^{n+1} = S + \overline{R}Q^n \\ RS = 0(约束方程) \end{cases}$$

对于同步 RS 触发器,R 为"置 0"端,S 为"置 1"端,都为高电平有效,且 R 和 S 不能同时为"1"。其状态转移图与基本 RS 触发器类似,在此不做详述。

2. 同步 D 触发器

如果把同步 RS 触发器的输入端 S 接一个非门到输入端 R,就构成了同步 D 触发器,其电路构成如图 9-7a 所示。

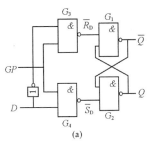 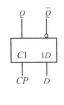

图 9 - 7　同步 RS 触发器

(a) 原理图；(b) 逻辑符号

由于同步 D 触发器是由同步 RS 触发器变形来的，其功能分析就简单多了。在 $CP=1$ 的情况下，当 $D=0$ 时，相当于同步 RS 触发器 $R=1$、$S=0$ 的情况，此时输出 $Q=0$；当 $D=1$ 时，相当于同步 RS 触发器 $R=0$、$S=1$ 的情况，此时输出 $Q=1$。

由上述分析可知，同步 D 触发器的特征方程为

$$Q^{n+1}=D$$

由于 $D=S=\overline{R}$，约束方程 $RS=0$ 自动满足，故同步 D 触发器没有约束条件。

其实，同步 D 触发器的特征方程可由同步 RS 触发器的特征方程变化得到，读者可以自己推导一下。

三、边沿触发器

对于时钟脉冲 CP 来说，一个完整的周期包含一个上升沿、一个下降沿、$CP=0$ 和 $CP=1$。同步触发器在 $CP=1$ 时，输入的变化会影响输出的变化。相对于同步触发器，边沿触发器的触发方式为边沿触发，即仅仅在该触发器的有效边沿来临时，其输出才会随着输入的改变而改变，在无效边沿、$CP=0$ 和 $CP=1$ 时，其输出都保持不变。

对边沿触发器的原理在此不做介绍，只介绍其应用。

1. 边沿 D 触发器

边沿 D 触发器的逻辑符号如图 9 - 8 所示。

对 D 触发器来说，如果 CP 端有动态符号"＞"，则该 D 触发器为边沿触发器。对图 9 - 8 所示的两种边沿 D 触发器来说，如果 CP 端加了符号"○"，则该 D 触发器为下降沿有效。

边沿 D 触发器的特征方程和同步 D 触发器的特征方程一样，都是

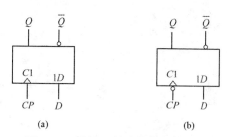

图9-8 边沿 D 触发器的逻辑符号

（a）上升沿有效；（b）下降沿有效

$Q^{n+1}=D$。

2. 边沿 JK 触发器

边沿 JK 触发器的逻辑符号如图9-10所示。

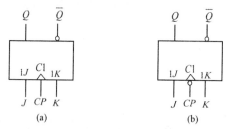

图9-9 边沿 JK 触发器的逻辑符号

（a）上升沿有效；（b）下降沿有效

边沿 JK 触发器有效边沿的判断方法和边沿 D 触发器一样。接下来对其状态真值表、特征方程和状态转移图进行描述。

（1）状态真值表。边沿 JK 触发器状态真值表见表9-4。

表9-4 边沿 JK 触发器状态真值表

J	K	Q^n	Q^{n+1}	功能
0	0	0 1	0 1	保持
0	1	0 1	0 0	置0
1	0	0 1	1 1	置1
1	1	0 1	1 0	翻转

由表 9-4 可知,边沿 JK 触发器的输入端
J 为"置 1"端,输入端 K 为"置 0"端,两者都为
高电平有效。

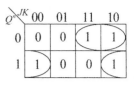

图 9-10 边沿 JK 触发器 Q^{n+1} 的卡诺图

(2)特征方程。Q^{n+1} 与 J、K 和 Q^n 的关系
卡诺图如图 9-10 所示。

由该卡诺图可得,边沿 JK 触发器的特征
方程为

$$Q^{n+1} = J\overline{Q^n} + \overline{K}Q^n$$

(3)状态转移图。由以上的分析可得,边沿 JK 触发器的状态转移图
如图 9-11 所示。

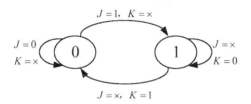

图 9-11 边沿 JK 触发器的状态转移图

为了加深对边沿触发器的理解,通过两个例题来说明。

【例 9-2】根据图 9-12a 中 A、B、J 的波形,试画出边沿 JK 触发器
输出 Q 的波形。(设 Q 的初态都为 0)

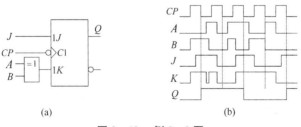

(a)　　　　　(b)

图 9-12 例 9-2 图

解:由于边沿 JK 触发器的输入 K 是异或门的输出,由 A、B 的波形
可画出 K 的波形,再根据 J、K 的波形和时钟脉冲 CP 的下降沿,画出输
出 Q 的波形如图 9-12b 所示。

【例 9-3】已知边沿 D 触发器和边沿 JK 触发器组成的电路如图
9-13a 所示,画出输出 Q_0 和 Q_1 的波形。(设两个触发器的初态都为 0)

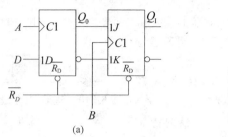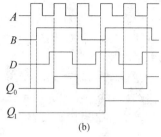

(a)　　　　　　　　　(b)

图 9 - 13　　例 9 - 3 图

解：由上图可知，边沿 D 触发器和边沿 JK 触发器都是上升沿有效，时钟脉冲分别为信号 A 和 B。对于边沿 D 触发器，$Q_0^{n+1} = D$；对于边沿 JK 触发器，由于 $J_1 = Q_0^n$、$K_1 = \overline{Q_0^n}$，根据其特征方程 $Q^{n+1} = J\overline{Q^n} + \overline{K}Q^n$，可得 $Q_1^{n+1} = Q_0^n$。

由以上分析，可得两输出波形如图 9 - 13b 所示。

第二节　计　数　器

在数字系统中，往往需要对脉冲的个数进行统计，以实现数字测量、运算和控制，实现计数功能的电路称为计数器。计数器的应用非常广泛，数字、钟表、电子记分牌等都要用到计数器；计算机中的程序计数器、指令计数器和分频器要用到计数器；数字化仪表中的压力、时间、温度等物理量的 A/D、D/A 转换都要通过脉冲计数器来实现。通常对计数器进行如下分类：

（1）按触发方式分，有同步计数器和异步计数器。在同步计数器中，所有触发器由同一时钟脉冲控制，各触发器的状态同时改变；在异步计数器中，各触发器的状态不是同时改变。相比异步计数器，同步计数器运行速度快，但电路较复杂。

（2）按计数长度（或称为容量）分，有二进制计数器、十进制计数器和 N 进制计数器。

（3）按计数器的增减分，有加法计数器、减法计数器和可逆计数器。

本节主要介绍几个常用的集成计数器及其应用。

一、集成计数器 74161

1. 逻辑符号和引脚图

四位集成加法计数器 74161 是十六进制计数器，其计数范围为 0000～

1111。74161 的逻辑符号和引脚图如图 9 - 14 所示。

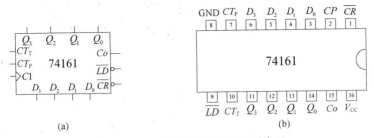

图 9 - 14 74161 的逻辑符号和引脚图

(a) 逻辑符号;(b) 引脚图

2. 功能介绍

图 9 - 14a 中,各个引脚功能如下:

$C1$:时钟脉冲,上升沿触发。

$D_3 D_2 D_1 D_0$:预置数端,也可以称为并行数据输入端。

$\overline{CR}$:异步清零端,低电平有效。只要 $\overline{CR}=0$,则 $Q_3 Q_2 Q_1 Q_0 = 0000$,即无条件清零。

$\overline{LD}$:同步置数端,低电平有效。要实现同步置数,必须满足两个条件:①$\overline{CR}=1$;②$\overline{LD}=0$ 且 CP 上升沿到来时。当满足此两个条件时,D_3、D_2、D_1 和 D_0 的值分别赋给 Q_3、Q_2、Q_1 和 Q_0。从 $\overline{CR}$ 和 $\overline{LD}$ 的功能可以看出异步和同步的区别,同时也可以看出 $\overline{CR}$ 的优先级高于 $\overline{LD}$。

CT_T 和 CT_P:计数器工作状态控制端。正常计数时,$CT_T = CT_P = 1$。

Co:进位输出端。当计数状态为 1111 时,Co 输出一个高电平信号,该信号持续一个时钟周期。

74161 的功能表见表 9 - 5。

表 9 - 5 74161 功能表

CP	$\overline{CR}$	$\overline{LD}$	CT_T	CT_P	Q_3	Q_2	Q_1	Q_0	功　能
$\times$	0	$\times$	$\times$	$\times$	0	0	0	0	异步清零
$\uparrow$	1	0	$\times$	$\times$	D_3	D_2	D_1	D_0	同步置数
$\times$	1	1	0	$\times$	\multicolumn{4}{c}{保持(但 $Co=0$)}	保持
$\times$	1	1	$\times$	0	\multicolumn{4}{c}{保持(包括 Co)}	保持
$\uparrow$	1	1	1	1	\multicolumn{4}{c}{计数}	加法计数

根据 74161 的功能,正常计数时,其状态转移图如图 9 - 15 所示。

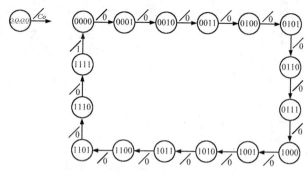

图 9 - 15　74161 的状态转移图

假如时钟脉冲 CP 的周期为 T,从 74161 的状态转移图可以看出:Q_0 的周期为 $2T$,即频率为 CP 脉冲的 $\frac{1}{2}$;Q_1 的周期为 $4T$,即频率为 CP 脉冲的 $\frac{1}{4}$;同样,Q_2 和 Q_3 的频率分别为 CP 脉冲的 $\frac{1}{8}$ 和 $\frac{1}{16}$。换句话说,Q_0、Q_1、Q_2 和 Q_3 分别实现了 2 分频、4 分频、8 分频和 16 分频,这就是计数器的分频功能。

与 74161 功能类似的是 74163,两者具有相同计数模数,都为十六进制计数器,区别是 74161 是异步清零,而 74163 是同步清零。

二、集成计数器 74160

74160 也是四位集成加法计数器,其逻辑符号和引脚图与 74161 相同。74160 为十进制计数器,4 位输出为 8421BCD 码的形式,即计数范围为 0000~1001。当计数状态为 1001 时,Co 输出一个高电平信号,该信号持续一个时钟周期。与 74161 一样,74160 也是异步清零和同步置数。其状态转移图如图 9 - 16 所示。

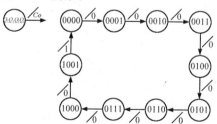

图 9 - 16　74160 的状态转移图

74160 的四个输出 Q_3、Q_2、Q_1 和 Q_0 能否实现分频功能？如果能实现，分别实现的是多少分频？读者可自行分析。

第三节 555 定时器及其应用

555 定时器是一种模拟电路和数字电路相结合的中规模集成电路。由于使用灵活、方便，只需接少量的阻容元件就可以构成单稳态触发器和施密特触发器。因此，555 定时器在波形的产生与变换、检测、控制、家用电器、报警、电子玩具等诸多领域都有广泛的应用。

一、555 定时器

1. 电路结构

555 定时器电路可分为双极型和 CMOS 型两类。双极型产品型号最后三位数码都是"555"，CMOS 型产品型号最后四位数码都是"7555"。虽然命名不同，但它们的引脚排布和功能是相同的。

555 定时器电路如图 9-17 所示。它由三个阻值为 5kΩ 的电阻组成分压器、两个电压比较器 C_1 和 C_2、基本 RS 触发器、放电管 VT_1 以及缓冲器 G_4 组成。

对于电压比较器来说

$$当 u_+ > u_- 时 \quad u_o = 1$$
$$当 u_+ < u_- 时 \quad u_o = 0$$

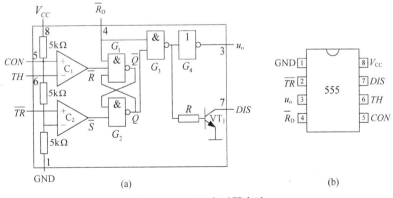

图 9-17 555 定时器电路

(a) 原理图；(b) 逻辑符号

各引脚的功能为:CON 为电压控制端,如果没有外接电压,该脚默认电压为 $\frac{2}{3}V_{CC}$;TH 为阈值输入端;$\overline{TR}$ 为触发输入端,低电平有效;$\overline{R}_D$ 为复位端,低电平有效;DIS 为放电端;u_o 为输出端,为了提高电路的带负载能力,在输出端设置了缓冲器 G_4,因此其输出电流可达 200mA,可直接驱动发光二极管、继电器、指示灯、扬声器等。

2. 功能描述

当 CON 没有外接电压时,三个电阻对电源电压进行分压,每个电阻上的压降为 $\frac{1}{3}V_{CC}$。换句话说,比较器 C_1 的同相输入端(即 CON 端)电压为 $\frac{2}{3}V_{CC}$,比较器 C_2 的反相输入端电压为 $\frac{1}{3}V_{CC}$。555 定时器的工作状态可分为以下四种情况:

(1) 当 $U_{\overline{TR}}<\frac{1}{3}V_{CC}$、$U_{TH}<\frac{2}{3}V_{CC}$ 时,比较器 C_1 输出为"1"、C_2 输出为"0",即 $\overline{R}=1$、$\overline{S}=0$。此时 $Q=1$,放电管截止,输出 $u_o=1$。

(2) 当 $U_{\overline{TR}}<\frac{1}{3}V_{CC}$、$U_{TH}>\frac{2}{3}V_{CC}$ 时,比较器 C_1 输出为"0"、C_2 输出为"0",即 $\overline{R}=0$、$\overline{S}=0$。此时 $Q=\overline{Q}=1$,放电管截止,输出 $u_o=1$。

(3) 当 $U_{\overline{TR}}>\frac{1}{3}V_{CC}$、$U_{TH}<\frac{2}{3}V_{CC}$ 时,比较器 C_1 输出为"1"、C_2 输出为"1",即 $\overline{R}=1$、$\overline{S}=1$。此时基本 RS 触发器状态保持,放电管和输出状态也保持。

(4) 当 $U_{\overline{TR}}>\frac{1}{3}V_{CC}$、$U_{TH}>\frac{2}{3}V_{CC}$ 时,比较器 C_1 输出为"0"、C_2 输出为"1",即 $\overline{R}=0$、$\overline{S}=1$。此时 $Q=0$,放电管导通,输出 $u_o=0$。

根据以上分析,可得 555 定时器的功能表,见表 9-6。

表 9-6 555 定时器功能表

$\overline{R}_D$	$U_{\overline{TR}}$	U_{TH}	u_o	放电管状态
0	$\times$	$\times$	0	导通
1	$<\frac{1}{3}V_{CC}$	$\times$	1	截止
1	$>\frac{1}{3}V_{CC}$	$<\frac{2}{3}V_{CC}$	保持	保持
1	$>\frac{1}{3}V_{CC}$	$>\frac{2}{3}V_{CC}$	0	导通

如果 CON 外接电压时，记为 U_{CON}，该功能表该如何修改，读者可自行分析。

二、单稳态触发器

1. 单稳态触发器的特点

触发器可分为双稳态触发器和单稳态触发器。本章第一节所述的触发器都是双稳态触发器，在触发条件满足时，从一个稳态转变到另一个稳态，即"0"和"1"都是稳态。单稳态触发器只有一个稳态，另一个状态为暂态，在触发条件满足时，从稳态转变到暂态，经过一段时间后有自行恢复到稳态。

图 9-18a 是普通触发器的输出波形，图 b 是单稳态触发器的输出波形，从两个图中可以看出两类触发器的区别。对于单稳态触发器暂态维持的时间 t，与触发脉冲无关，仅取决于电路的参数。

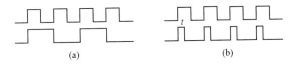

图 9-18　两种触发器的工作波形

(a) 双稳态触发器输出波形；(b) 单稳态触发器输出波形

2. 555 定时器构成的单稳态触发器

图 9-19 是由 555 定时器构成的单稳态触发器。图中，R 和 C 是外接元件，触发脉冲由触发输入端 2 号脚送入。

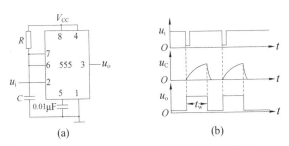

图 9-19　555 定时器构成的单稳态触发器

(a) 原理图；(b) 工作波形

接通电源 V_{CC} 后瞬间，电路有一个稳定的过程，即电源 V_{CC} 通过电阻

R 对电容 C 进行充电。当 u_C 上升到 $\frac{2}{3}V_{CC}$ 时,根据表 9 - 6 可知,输出 $u_o =$ 0,放电管 VT_1 导通,电容 C 通过 VT_1 放电至 $u_C = 0$,此时电路进入稳定状态。

当触发信号 u_i 由高电平变为低电平时,根据表 9 - 6 可知,输出 u_o 从 "0" 变为 "1",放电管 VT_1 截止,此时电路进入暂稳态。由于放电管 VT_1 截止,电源 V_{CC} 通过电阻 R 对电容 C 进行充电。当 u_C 上升到 $\frac{2}{3}V_{CC}$ 时,由于触发信号早已消失,此时放电管 VT_1 导通,电容 C 通过 VT_1 放电至 $u_C = 0$,此时电路又进入稳定状态。

u_C 从 "0" 充电至 $\frac{2}{3}V_{CC}$ 所需的时间,即为输出 u_o 脉冲宽度(简称脉宽) t_w,该参数取决于 R 和 C 的值,其关系式为

$$t_w = RC\ln3 = 1.1RC$$

3. 单稳态触发器的应用

(1)脉冲整形。实际应用时,输入脉冲的波形往往是不规则的,比如:幅度不齐、边沿不陡,不能直接输入到数字电路。因为单稳态触发器的输出只有 "0" 和 "1" 两种状态,合理地调节 R 和 C 的值,就可以把不规则的输入信号整形成幅度和宽度一定的矩形波。

(2)定时或延时。输出 u_o 的脉宽 t_w 仅仅取决于 R 和 C,通过改变 R 和 C 的值,可以进行定时或延时控制。

三、施密特触发器

1. 施密特触发器的特点

在第七章所学的门电路都有一个阈值电压,当输入电压从低电平上升到阈值电压或从高电平下降到阈值电压时,其输出将发生变化。施密特触发器是一种特殊的门电路,该触发器有两个阈值电压,分别称为高电平阈值(用 U_{T+} 表示)和低电平阈值(用 U_{T-} 表示)。当输入电压从低电平向高电平变化时,只有大于 U_{T+},输入电压才相当于高电平;当输入电压从高电平向低电平变化时,只有小于 U_{T-},输入电压才相当于低电平。施密特触发器的这种特性称为 "回差特性",高电平阈值 U_{T+} 和低电平阈值 U_{T-} 之差称为回差,用 ΔU 表示。图 9 - 20 所示是具有施密特触发器特性的非门逻辑符号和电压转移特性曲线。

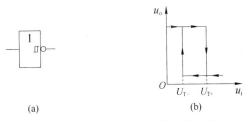

图9-20 具有施密特触发器特性的非门

（a）逻辑符号；（b）电压转移特性曲线

2. 555定时器构成的施密特触发器

图9-21a所示是由555定时器构成的施密特触发器。图中,阈值输入端 TH 和触发输入端 $\overline{TR}$ 并接后作为输入端。

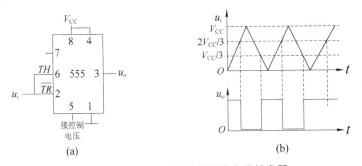

图9-21 555定时器构成的施密特触发器

（a）原理图；（b）工作波形

该电路的分析分两种情况:①电压控制端 CON（5号脚）接 $0.01\mu F$ 的电容后接地,即相当于 CON 端未外接控制电压;②CON 端外接控制电压 U_{CON}。在此分析 CON 端未外接控制电压的情况,即 CON 端电压默认为 $\frac{2}{3}V_{CC}$。

当输入电压 u_i 小于 $\frac{1}{3}V_{CC}$ 时,结合555定时器的功能表,输出 u_o 为"1";当输入电压 u_i 在 $\frac{1}{3}V_{CC} \sim \frac{2}{3}V_{CC}$ 时,输出 u_o 状态保持,仍然为"1";当输入电压 u_i 大于 $\frac{2}{3}V_{CC}$ 时,输出 u_o 为"0"。

如果输入电压 u_i 从高电平向低电平变化,当输入电压 u_i 大于 $\frac{2}{3}V_{CC}$

时,输出 u_o 为"0";当输入电压 u_i 在 $\frac{1}{3}V_{CC} \sim \frac{2}{3}V_{CC}$ 时,输出 u_o 状态保持,仍然为"0";当输入电压 u_i 小于 $\frac{1}{3}V_{CC}$ 时,输出 u_o 为"1"。

其工作波形如图 9 - 21b 所示,两个阈值电压 $U_{T+} = \frac{2}{3}V_{CC}$、$U_{T-} = \frac{1}{3}V_{CC}$,回差电压 $\Delta U = U_{T+} - U_{T-} = \frac{1}{3}V_{CC}$。

3. 施密特触发器的应用

（1）波形变换。利用施密特触发器可以把非矩形波信号（如三角波、正弦波等）变换成矩形波,如图 9 - 22a 所示,输出脉冲宽度可由回差 ΔU 来调节。

（2）脉冲整形。将受到干扰的数字信号恢复成理想的脉冲信号,这在数字系统中是很有必要的。利用施密特触发器可以把不规则的输入信号整形成理想的矩形脉冲,如图 9 - 22b 所示。

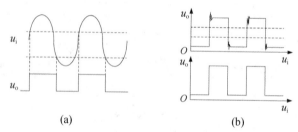

(a)   (b)

图 9 - 22　施密特触发器的应用

（a）波形变换；（b）脉冲整形

第十章　电工电子操作实践

一、荧光灯电路的安装与调试

1. 元件介绍

荧光灯主要由灯管、镇流器和起动器等部分组成。

1）灯管　如图 10-1 所示,灯管由圆柱形玻璃管制成,实际上是一种低气压放电管。两端装有电极,内壁涂有钨酸镁、硅酸锌等荧光物质。制造时抽去空气,充入少量水银和氩气。通电后,管内因水银蒸气放电而产生紫外线,激发荧光物质,使其发出可见光,不同发光物质产生不同颜色,常见的近似日光(荧光物质为卤磷酸钙)。荧光灯光线柔和,发光效率比白炽灯高,其温度在 40～50℃,所耗的电功率仅为同样明亮程度的白炽灯的 1/5～1/3,广泛用于生活和工厂的照明光源。

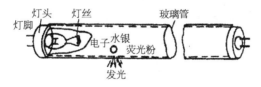

图 10-1　荧光灯灯管构造

2）镇流器

(1) 电感式镇流器。镇流器又称限流器、扼流圈,是一个具有铁心的线圈。其作用有两个:一是在荧光灯起动时它产生一个很高的感应电压,使灯管点燃;二是灯管工作时限制通过灯管的电流不致过大而烧毁灯丝。

(2) 电子镇流器。在荧光灯电路中,现已逐渐开始较多地采用电子镇流器来取代传统的电感式镇流器,它节能低耗(自身损耗通常在 1W 左右),效率高,电路连接简单,不用起动器,工作时无噪声,功率因数高(大于 0.9,甚至接近于 1),使用它可使灯管寿命延长一倍。

电子镇流器种类繁多,生产厂家在生产时,一般已将电路与荧光灯管座直接连接在一起,选用时只要其标称功率与灯管的标称功率配套相等,直接按图 10-2 所示接线即可,限于篇幅,在此不做介绍。

3)起动器　起动器又称启辉器。荧光灯起动器有辉光式和热开关式两种,最常用的是辉光式。外面是一个铝壳(或塑料壳),里面有一个氖灯和一个纸质电容器,氖灯是一个充有氖气的小玻璃泡,里边有一个 U 形双金属片和一个静触片(图 10-3)。双金属片由两种膨胀系数不同的金属组成,受热后,由于两种金属的膨胀不同而弯曲,与静触片相碰,冷却后恢复原形与静触片分开。

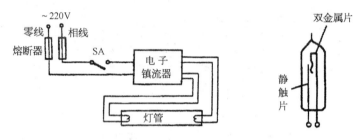

图 10-2　采用电子镇流器的荧光灯接线图　　**图 10-3　荧光灯起动器**

4)灯座　一对绝缘灯座将荧光灯管支承在灯架上,再用导线连接成荧光灯的完整电路,灯座有开启式和插入式两种,如图 10-4 所示。

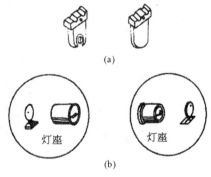

(a)

(b)

图 10-4　荧光灯灯座

(a)开启式；(b)插入式

在灯座上安装灯管时,对插入式灯座,先将灯管一端灯脚插入带弹簧的一个灯座,稍用力使弹簧灯座活动部分向外退出一小段距离,另一端趁势插入不带弹簧的灯座。对开启式的灯座,先将灯管两端灯脚同时卡入灯座的开缝中,再用手握住灯管两端灯头旋转约 1/4 圈,灯管的两个引出脚即被弹簧片卡紧使电路接通。

5)灯架　灯架用来装置灯座、灯管、起动器、镇流器等荧光灯零部件,其外形种类很多,应配合灯管长度、数量和光照方向等选用。灯架长度应比灯管稍长,荧光灯灯架反光面一般涂白色或银色油漆,以增强光线反射。

2. 工作原理

电感式镇流器荧光灯电路的接法如图 10-5 所示。

闭合开关后电压通过荧光灯的灯丝加在起动器的两端,如上所述,经过发热—触点接触—冷却—触点断开的过程。在触点断开的瞬间,镇流器中的电流急剧减小,产生很高的感应电动势。感应电动势和电源电压叠加起来加在灯管两端的灯丝上,把灯管点亮。实际使用的起动器中常有一个电容器并联在氖泡的两端,它能使两个触片在分离时不产生火花,以免烧坏触点,同时还能减轻对附近无线电设备的干扰。没有电容器时起动器也能工作。

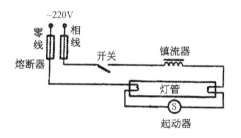

图 10-5　电感式镇流器荧光灯电路图

3. 安装要求

安装荧光灯,首先要将两个灯座、起动器座和镇流器固定在灯架的适当位置上,对照电路图连接线路,组装灯具。检查无误后,在建筑物上固定,并与室内的主线接通。安装前要检查灯管、镇流器、起动器等有无损坏,是否互相配套。

4. 操作步骤

(1)按元件明细表将所需器材配齐并检验元件质量。

(2)将两个灯座、起动器和镇流器固定在灯架的适当位置上。

（3）将荧光灯电路组件按图 10-5 的接线方法正确连接。

（4）检查电路的安装技术，同时校验电路的接线是否正确和绝缘性能。

（5）经查对无误后，将起动器旋入底座，灯管装入灯座，再通电试验；若电路发生故障，应切断电源并重复操作过程（3）、（4），进行校验。

（6）对人为设置的电路常见故障，依据电路原理按一定的检查程序排除故障。

（7）实验完毕经教师检查、评分后，做好各项结束工作。

5. 注意事项

（1）安装荧光灯时必须注意，各个零件的规格一定要配合好，灯管的功率和镇流器的功率应相同，否则，灯管不能发光或者使灯管和镇流器损坏。

（2）镇流器一般应安装在灯架内的中间，以免左右倾斜。

（3）电源的零线应直接接灯管，相线接开关。

（4）接线完毕应对照电路图认真检查，防止错接、漏接，并把裸露的接头用绝缘胶带缠好后，才能将起动器旋入底座，灯管装入灯座，再通电试验。

（5）要了解起动器内双金属片的构造，可以取下起动器外壳来观察。用废荧光灯管解剖了解灯丝内双金属片的构造时，因灯管内的水银蒸气有毒，应注意通风。

二、配电箱的制作与安装

1. 配电箱（板）的制作

熔断器、刀开关、电能表和漏电保护器等电气元件需要安装在配电箱（板）内。自制非标准配电箱（板）结构一般较为简单，由安装电器元件的底板和箱体两大部件组成，采用木板或薄铁板制作。电气元件较多时，可采用配电箱；电器元件较少时，可采用明装配电板。配电箱分明装和暗装两种形式。明装配电箱制作、安装都较方便，但欠美观；暗装配电箱制作、安装较麻烦，但较美观。

配电箱（板）底板上的各种电气元件，应按一定的电气要求和规定的各电气元件之间的安全距离，合理地布置。

家庭用配电箱底板上各电气元件的布置及安全距离见图 10-6～图 10-8 及表 10-1。

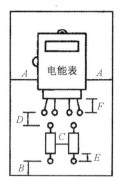

图 10-6　由电能表和熔断器组合的配电箱底板

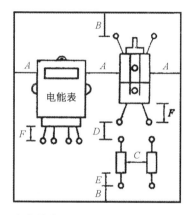

图 10-7　由电能表、刀开关和熔断器组合的配电箱底板

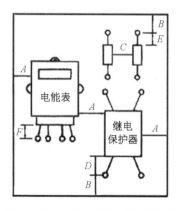

图 10-8　由电能表、熔断器和漏电开关组合的配电箱底板

表 10-1　配电箱(板)底板上电气元件安全距离

安全间距代号	最小安全间距尺寸(mm)		
A	60		
B	50		
C	30		
D	20		
E	电气元件额定电流	10~15A	20
		20~30A	30
		60A	50
		100~200A	80
F	80		

　　在实际施工中,往往会遇到标准配电箱不能满足实际需要,而必须自制非标准配电箱的问题。自制的单门和双门配电箱的外形及尺寸如图 10-9 所示。图中 b 为配电箱底板的高度,X 为最高电气元件的高度 +150mm。

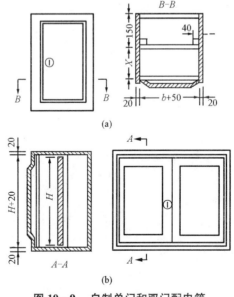

图 10-9　自制单门和双门配电箱
(a) 单门;(b) 双门

2. 配电箱(板)的安装

明装及暗装、木制及铁制配电箱(板)的安装示意图如图 10 - 10 所示。

配电箱(板)安装要求如下:

(1) 配电箱(板)明装时,安装高度为箱(板)底边距地面 1.8m,也可靠近天花板安装;暗装时,底边距地面 1.4m。

(2) 配电箱(板)应垂直。暗装配电箱的面板四周边缘应紧贴墙面,配电箱门露出墙面,以保证箱门能够开足。

(3) 导线引出板面部分均应套绝缘管,木板面用瓷套管,铁板面用橡胶护圈。

(4) 明装配电箱安装在墙上时,应采用开脚螺栓固定,螺栓长度一般为埋入深度(75~150mm)、箱底板厚度、螺母和垫圈的厚度之和,再加上 5mm 左右的出头余量。

(5) 暗装配电箱嵌入墙内安装时,应在砌墙时预留比配电箱尺寸大 20mm 左右的空间,预留空间的深度即为配电箱的厚度。在埋配电箱时,空间填以混凝土即可把箱体固定住。

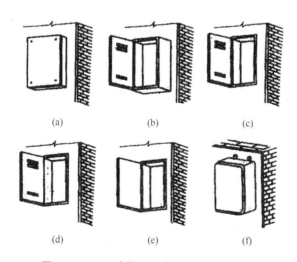

(a)　　　　　(b)　　　　　(c)

(d)　　　　　(e)　　　　　(f)

图 10 - 10　配电板及配电箱的安全示意图

(a) 明装木制配电板;(b) 明装木制配电箱;(c) 暗装木制配电箱;
(d) 暗装墙洞配电箱;(e) 暗装铁制配电箱;(f) 明装铁制配电箱

三、声控节电开关照明电路的设计

1. 技术指标

(1) 交流电源:220V,50Hz。

(2) 控制方式:开关能自动开闭。

(3) 延时时间:40~50s。

(4) 负载最大功率:≤100W。

2. 设计任务

(1) 功能要求:白天光线较强,声控无效;夜晚光线暗时声控起作用;有一定延时时间(30~50s);灵敏度高。

(2) 设计电路原理图(参考电路可修改变动)。

(3) 设计印刷电路板图。

(4) 设计计算原理各项参数,并选择各元器件规格型号。

(5) 叙述设计电路的工作原理。

(6) 焊接、调试、组装。

3. 参考电路

(1) 电路原理(图 10-11)简介。白天或光线较强时,节电开关处于关闭状态,灯不亮;夜间或光线较暗时,节电开关处于预备状态。当有人经过开关附近时,有脚步声、说话声、拍手声,则开关起动,灯亮,延时40~50s 后,节电开关自动关闭、灯灭。

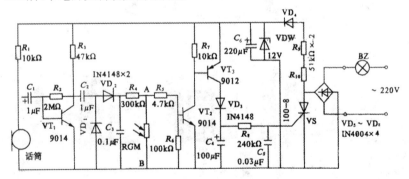

图 10-11 声控节电开关电路原理图

(2) 元器件选择。VT₁、VT₂均选用 9014 晶体三极管,VT₃选用 9012 晶体三极管,其中 VT₁要选用 β>100。VS 选用 100-8 单向晶闸管。$VD_1 \sim VD_3$ 选用 IN4148 二极管，$VD_5 \sim VD_8$ 选用 IN4004 二极管。话筒要选用灵敏度高的。其他元器件如图 10-11 所示。

（3）安装与调试。所有元件安装在一块印制电路板上，然后装入一绝缘小盒内，光敏电阻需安装在外壳上光线容易照到的地方。本装置只要元件选择正确，焊装无误，一般即可正常工作。若出现开关起动后不能完全熄灭，可将一只电容（容量为 470pF）并接在 R_3 上（印制电路板上预先应留下此位置）即可消除。若出现间歇振荡，可将 C_2 换成 0.33μF 电容，或将 R_6 减小到 47kΩ 左右即可消除。由于电路直接与市电连接，所以调试与使用时要小心，防止触电。

使用时应注意：由于此开关负载功率最大为 100W，不能超载，灯泡不能短路，接线时要关闭电源或将灯泡先去掉，接好开关后再闭合电源或装上灯泡。

四、火灾报警器电路的设计

1. 技术指标

（1）直流稳压电源：+12V。

（2）工作环境：油库、石油泵站、输气站及易发生火灾场所。

（3）无火焰，两平行金属板绝缘电阻为∞。

（4）发生火灾，两平行金属板绝缘电阻为 0。

（5）工作温度：−20～+40℃。

2. 设计任务

（1）工作过程。没有火焰时，电路检测两电极绝缘，警笛声响发生器断电，不报警。有火焰时，电路工作，接通声响发生器，发出报警声。

（2）设计电路原理图及印刷电路板图。

（3）定量估算电路各项参数。并选择元器件规格型号，实验调整各点参数，确定元件参数。

（4）焊接、调试、组装。

3. 参考电路

（1）电路原理简介。火灾报警器的电路如图 10-12 所示。图中的两个平行金属板作为检测火焰的两个电极。没有火焰时，两个电极间绝缘。这时场效应管 VT_1 的栅极经 20MΩ 的电阻接地，而漏极电流在源极电阻 R_2 上产生的电压作为场效应管的栅偏压（负栅压）加在栅极，这时 VT_1 工作在负栅压状态，漏极电流很小，因此，稳压二极管 DW 不导通，

VT₂截止,J 不吸动,VT₃～VT₅组成的警笛声响发生器断电,没有报警声音。

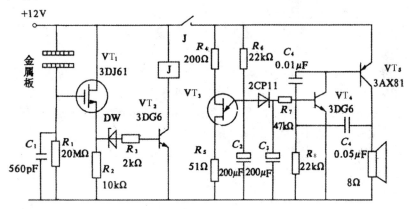

图 10-12 火灾报警器电路原理图

当有火焰时,两个电极间的气体在高温下被电离,极板之间导电。场效应管 VT₁的漏极电流增大,R_2上的压降增大,稳压二极管击穿导通,VT₂也导通,J 吸合,它的常开接点闭合,接通了声响发生器,发生报警声。

VT₃～VT₅组成警笛发生器,能产生紧迫的警笛一样的声音,给人造成紧张的感觉。

VT₃组成三角波发生器,其输出的三角波加到 VT₄、VT₅等组成的音频振荡器的输入端,使输出的音频像警笛一样慢慢上升和下降,这等于音频振荡器受到三角波的调制。

(2) 元件选择及调试。VT₁选 3DJ61,选跨导较大的管子为宜;VT₂、VT₄选 3DG6,$\beta \geqslant 50$ 的三极管;VT₅选 3AX81,$\beta \geqslant 30$ 的三极管;VT₃可是采用 BT33 或 BT35 型单结晶体管;J 可采用 121 型灵敏继电器,选线圈直流电阻为 1 500Ω 的。

调试工作可分两步进行:先调 VT₁、VT₂组成的火焰信号变换电路,如果金属板之间或金属板附近有火焰产生时,J 不吸合,可将 R_3 换成阻值小的电阻或将 VT₂的值换成 β 值大的三极管再试。然后调声响电路,调整 C_2 的值可以改变三角波的频率,改变 C_4 的值可以改变音频振荡器的频率。

此报警器的声响电路也可采用电铃。用 J 直接通电铃的电源进行报警。

五、Y-△自动转换控制线路的安装与调试

1. 元器件介绍

1) 时间继电器　时间继电器是利用电磁原理或机械动作原理实现触头延时闭合或延时断开的自动控制电器。根据延时动作的不同原理，有空气阻尼式、电磁式、电动式及晶体管式等类型。

常用的时间继电器的型号及意义可通过举例来说明，例如，JS23 - 12/1："JS"表示继电器类型为时间继电器，"23"表示设计序号，前一个"1"表示触点形式及组合序号为1，后一个"1"表示安装方式为螺钉安装式，"2"表示延时范围为10～180s。下面介绍使用较广泛的空气阻尼式时间继电器。

空气阻尼式时间继电器又称气囊式时间继电器，它主要由电磁系统、工作触头、气室和传动机构四部分组成，其外形和结构如图 10 - 13 所示。

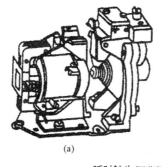

(a)

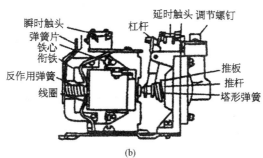

(b)

图 10 - 13　JS7 系列空气阻尼式时间继电器

(a) 外形；(b) 结构

电磁系统由电磁线圈、静铁心、衔铁、反作用弹簧和弹簧片组成；工作触头由两对瞬时触头和两对延时触头组成；气室主要由橡皮膜、活塞和壳

体组成,橡皮膜和活塞可随气室进气量移动,气室上的调节螺钉用来调节气室进气速度的大小以调节延时时间;传动机构由杠杆、推杆、推板和塔形弹簧等组成。

空气阻尼式时间继电器的工作原理有断电延时原理和通电延时原理两种。

(1)断电延时原理。断电延时时间继电器如图 10 - 14 所示。当电路通电后,电磁线圈的静铁心产生磁场力,使衔铁克服反作用弹簧的弹力被吸合,与衔铁相连的推板向右运动。推动推杆,压缩塔形弹簧,使气室内橡皮膜和活塞缓慢向右移动,通过弹簧片使瞬时触头动作,同时也通过杠杆在塔形弹簧作用下,带动橡皮膜和活塞向左移动。经过一段时间后,推杆和活塞移动到最左端,使延时触头动作,完成延时过程。

(2)通电延时原理。只需将断电延时时间继电器的电磁线圈部分旋转 180°安装,即可改装成通电延时时间继电器,其工作原理与断电延时原理基本相似。

空气延时时间继电器的结构简单、延时调整方便,价格低廉,广泛使用于电动机控制电路中,但它延时精度较低,只能用于对延时要求不高的场合。

时间继电器的故障检修可参见交流接触器的有关检修内容。

注意:触头延时只在一种情况下产生,延时接通触头只在接通时延时,而断开时是瞬动的;延时断开触头只在断开时延时,而接通时是瞬动的。

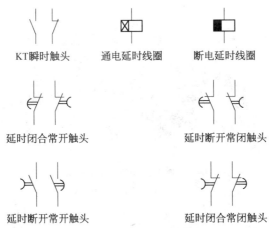

KT瞬时触头　　　通电延时线圈　　　断电延时线圈

延时闭合常开触头　　　　　延时断开常闭触头

延时断开常开触头　　　　　延时闭合常闭触头

图 10 - 14　时间继电器的符号

2）低压电器及其作用　本任务涉及的低压电器有组合开关、熔断器、按钮、交流接触器、热继电器、时间继电器和三相异步电动机。

它们的作用如下：

组合开关 QS：作电源隔离开关。

熔断器 FU1、FU2：分别作为主电路、控制电路的短路保护。

停止按钮 SB1：控制接触器 KM1、KM2 的线圈失电。

起动按钮 SB2：控制电动机 Y-△自起动运行。

接触器 KM1 的主触头：控制主电路电源。

接触器 KM2 的主触头：控制定子绕组接成 Y 形。

接触器 KM3 的主触头：控制定子绕组接成△形。

接触器 KM1、KM3 的常开辅助触头：作为自锁触头。

接触器 KM2、KM3 的常闭辅助触头：作为联锁触头。

时间继电器 KT 延时常闭触头：控制 KM2 线圈失电。

时间继电器 KT 延时常开触头：控制 KM3 线圈得电。

热继电器 FR：作为电动机 M 的过载保护。

3）线路工作原理　Y-△自动转换降压起动控制线路原理图如图 10-15 所示。

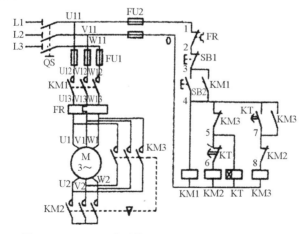

图 10-15　Y-△自动转换降压起动控制线路原理图

2. 操作步骤

（1）按元件明细表将所需器材配齐并检验元件质量。

（2）在控制板上按照布置图安装所有电器元件。

（3）按照接线图，进行板前明线布线及板外接线。

（4）自检控制板布线的正确性及美观性。控制电路的检查方法：将万用表转换开关放到"R×10"或"R×100"挡，让两表笔分别与控制线路的两熔断器上的接线座相连（不装熔心），按表 10-2 进行检测。

表 10-2 控制电路的检查

检 测 项 目		操 作	万用表读数变化情况
按钮	SB1(2—3)	先按下 SB2 保持，再按下 SB1	∞→500Ω→∞
	SB2(3—4)		
接触器触头	KM1(3—4)	按下 KM1 可动部分	∞→500Ω
	KM2(7—8)	先按下 SB2 保持，再慢慢按下 KM3 的可动部分保持，再按下 KM2 可动部分	∞→500Ω→1.6kΩ
	KM3(4—5)		∞→500Ω→1.6kΩ→800Ω→1.6kΩ
	KM3(4—7)		
时间继电器触头	KT(4—7)	先按下 SB2 保持，再慢慢手动 KT 使触头动作	∞→700Ω→500Ω
	KT(5—6)		

注：1. 时间继电器线圈的电阻为 1.2kΩ，表中 500Ω 为两个接触器线圈及一个时间继电器线圈的并联电阻值，700Ω 为一个接触器线圈及一个时间继电器线圈的并联电阻值。

  2. 检测时若无法同时手动多个设备，可将要动作的常开触头用导线予以短接。

（5）指导教师初检后，通电检测。

（6）拆除导线及元器件，整理工作台。

3. 操作注意事项

（1）对时间继电器进行接线时，力量一定要掌握好，否则极易损坏时间继电器。

（2）时间继电器的时间整定要恰当，时间继电器的触头不能用错。

六、淋浴器节水电路的设计

当淋浴者站在喷水头下时，喷水头出水，而喷水头下无淋浴者时，喷水头不喷水，从而达到明显的节水目的。

图 10-16 所示为淋浴器节水电路。电路中，由串联的两个光敏电阻、RP 和 555 组成施密特触发器。当有光照时，光敏电阻阻值小，555 的 2、6 脚为高电平，3 脚输出低电平，继电器 J 不通电，触点不吸合，电磁阀 DF-1 不吸合，不供水。当无光照时，光敏电阻的阻值变大，触发器旋转，

555 的 3 脚输出高电平,继电器 J 吸合,使电磁阀导通,从喷水头中流出水来。

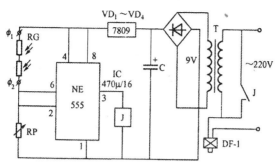

图 10-16　淋浴器节水电路

IC 选用进口 NE555 时基电路,$VD_1 \sim VD_4$ 采用 2CO33 二极管,电磁阀用 DF-1 型、220V 供电。其他元件如图中标注,无特殊要求。

(1) 探头的制作方法:一块 10mm×10mm×6mm 透明的有机玻璃,用电动钻头钻 $\phi 5.5mm$ 的孔,钻孔的深度为 5mm,然后滴入几滴三氯甲烷,以形成透光面,使灵敏度更高,然后插入光敏电阻,用胶封死。安装时,可将几个探头串联起来,以提高灵敏度。利用一块木板或塑料板将探头镶入就可以了。

(2) 调试时,只要调下一 RP 就可以了,RP 视浴室灯光的强弱情况来调试。调整 RP 可使脚踩上探头时,继电器及电磁阀即动作,喷水头出水。